ROUYANG
GUANLI YU
JIBING FANGZHI

肉羊
管理与疾病防治

强慧勤　主编

U0380937

中国农业出版社
北　京

主 编 简 介

　　强慧勤，女，现任职于石家庄市动物疫病预防控制中心，研究员，河北省政府特殊津贴专家、省防控重大动物疫病专家组成员，市高层次人才。1984年兽医专业本科毕业，从事动物疫病预防、监测、流行病学调查研究、兽医临床诊断、治疗等专业技术工作30余年，具有较高的理论水平和丰富的实践经验。先后主持或主研兽医科技项目17项，已有14项成果通过省级或市级技术鉴定，其中12项获省、市科技进步奖及省山区创业奖。目前还有3个重点在研项目并取得了一定的研究进展。在国家和省级专业刊物上发表论文50多篇，主编或参与编写专业著作9部。主持编写地方标准13部。

编 写 人 员

主 编　强慧勤

副主编　张 涛　王荣申

参 编　李 钊　杨维维　贾 琳

　　　　李丽华　魏 广　刘江涛

　　　　许亚改　周文茂　吕 洁

　　　　刘 洋　武治云　张 超

　　　　张 慧　郝立宾　贺小云

　　　　张 斌　苏 青　褚素欣

　　　　陈海军　郭伟婷　张艳红

　　　　巫廷建

前言

　　近年来，我国的肉羊业发展迅速，肉羊存栏量、出栏率逐年增加，在促进了农区产业结构调整和秸秆科学利用的同时，也改善了人民的生活。但传统放牧方式的疾病发生率较高，不仅影响了生产效率，还对农区引入羊只的健康带来一些不良影响。在人们的食品安全意识逐年提高的背景下，管理好从牧区引羊、科学饲养、驱虫和疾病防控等关键环节，是提高养羊效益的有效措施，而发展养羊业也是发展农村经济，增加农民收入，致富奔小康的一条重要途径。

　　本书比较系统、详细地从羊场建设与羊场生物安全体系的建立、肉羊的饲养与管理、饲料及加工技术、传染病、寄生虫病、普通病、羊病常用诊断方法七个方面进行了阐述，并附有羊病鉴别诊断及部分羊病的防治技术规范。在内容上力求切合我国农区肉羊养殖实际，突出介绍肉羊生产新技术，具有实用性和先进性，语言通俗易懂，适合基层技术人员参考。但限于编者专业水平有限，有不妥或错误之处希望读者批评指正。同时对提供文献资料的作者和专家表示衷心感谢。

编　者

2017 年 9 月

前言

第一章

羊场建设与羊场生物安全体系的建立

羊场的建设主要包括：羊场的选址、布局，羊舍的建设、完善的配套设施并要求与生物安全体系相统一。

第一节　羊场的选址要求

一、符合国家法律法规

《中华人民共和国畜牧法》规定，畜禽养殖场、养殖小区的建设禁止在生活饮用水的水源保护区、风景名胜区，以及自然保护区的核心区和缓冲区及城市和城镇居民区、文教教育科学研究等人口集中区域。禁止在县级以上政府规定的禁养区建场。

二、符合动物防疫条件审查办法的要求

（1）距离生活饮用水源地、动物屠宰加工场所、动物和动物产品集贸市场500m以上；距离种畜禽场1 000m以上；距离动物诊疗场所200m以上；动物饲养场（养殖小区）之间距离不少于500m。

（2）距离动物隔离场所、无害化处理场所3 000m以上。

（3）距离城镇居民区、文化教育科研等人口集中区域及公路、铁路等主要交通干线500m以上。

三、水源

应选择水源充足、供水稳定、水质良好、符合卫生标准、水源周围没有污染、便于取用和保护的地方。水量除保证现有羊群的需求和职工需要外，还要考虑羊场的发展、扩大、绿化、消防等用水。

理想的水质是水中不含病毒和细菌，不经处理就可以直接饮用。羊场可以选择地下水位 50m 以下的井水或消毒自来水。如果有蓄水池或蓄水罐的需要进行定期消毒，达到饮用标准后方可使用。水质不是固定不变的，应每隔一段时间进行一次检测，水质要求为：pH $7.0 \sim 8.5$，硬度 $12° \sim 18°$，大肠杆菌数不超过 10 个/L。

四、供电

羊场须有充足、稳定可靠的供电设备，以满足生产生活的需要。最好采用工业用电和民用电双路供电，必要时配置小型发电机组，以保证羊场生产的正常进行。

五、地理条件

结合羊喜干厌湿的习性，羊场应选择地势高燥、坐北朝南、向阳避风、冬暖夏凉、通风排水良好的地方。场区内部地势平坦，可稍有坡度，但坡度不要超过 $10°$。最好有天然屏障，如高山、河流等。

六、土壤

适合羊生长的土壤应土质松软、导热性小、吸湿性和透水性强。这种土壤雨水、尿液不易积聚，雨后无硬结，方便清洁卫生，可以减少蹄病及其他疾病的发生。沙壤土最理想，沙土次之，黏土最不适。但是，在一些区域，由于客观条件限制，需要以其他方式来设法弥补当地土壤的缺陷，如羊舍内用水泥地面或做漏粪地板、运动场硬化处理、勤换垫料垫土等。

七、交通

场址的交通状况关系到生产运输的成本，因此在满足防疫要求的前提下，选址要考虑交通便利但远离交通要道的地方。

第二节　羊场的规划布局

一、羊场的功能区划分

按照总体功能一般将羊场划分为生活管理区、生产辅助区、生产区、粪污处理区四个功能区。功能区的布局原则上应依据场区地势地形、主导风向，按照由高到低，由上风到下风的顺序，依次规划生活管理区、生产辅助区、生产区、粪污处理区（图1-2-1）。

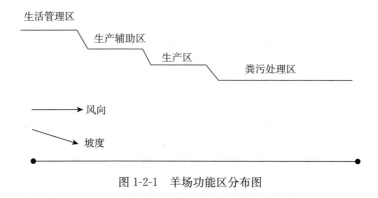

图1-2-1　羊场功能区分布图

（一）生活管理区

生活管理区包括管理办公室、财务室、接待室、档案材料室、职工宿舍、食堂、生活类物资储备库等。生活管理区要建在羊场的上风方向，离生产辅助区至少 50m 以上。

（二）生产辅助区

生产辅助区和办公区应设在与风向平行的一侧，生产辅助区包括冷库（存储疫苗或兽药）、兽医化验室、干料库、饲料库等，要与羊舍保持 50m 以上的距离，以利于防火、便于运输。

（三）生产区

生产区是全场的主体，主要是各类羊舍。生产区的布局须依次按产羔舍、育成舍、成年舍的顺序安排，避免成年羊对羔羊造成感染。主产区入口处必须设置洗澡间和消毒池。在生产区内应按规模大小、饲养批次的不同，将其分为若干个小区，各小区之间保持一定距离。育成羊舍设在羔羊舍和成年羊舍之间，便于转群。公羊舍可与配种室或人工授精室建在一起。羊场生产区要布置在管理区的下风向或侧风向。

（四）粪污处理区

粪污处理区包括粪污处理场、病死羊处理场、解剖室等。应设在生产区的下风向地势最低处，至少与生产区保持 100m 以上的间距。病死羊处理场应与外界隔离并设独立的门出入。

二、羊场的布局原则

（一）符合生产工艺流程，有利于防疫和节约土地

1. 生产区污道、净道分开 净道是指生产区用于运输饲料、草料、羊只等产品的道路。污道是用于运输垃圾、羊粪、病死羊的

道路。为了防止交叉感染，羊场的污道、净道要分设。

2. 羊舍间应保持安全的防疫距离　生产区的布局应根据主导风向依次按产羔舍、育成羊舍、成年羊舍的顺序安排，避免成年羊对羔羊造成感染。各区间应有不少于 50m 的隔离带。

（二）便于羊场管理和提高工作效率

在符合生产工艺流程，符合防疫要求的前提下，羊舍的布局应以最方便利用为原则进行。如管理区与外界经常联系，应设置在生产区的外面，靠近大门的地方。饲料库的位置应在羊舍的附近并靠近场外通道处。

（三）羊舍建筑要合理配比

在生产区内，产羔舍、育成羊舍、成年羊舍三种建筑物的容羊数量比例一般是 1：2：3，三者配比合理，能够使羊群周转顺利进行。

三、羊场的绿化

羊场的绿化不仅可以美化场区环境，而且还具有改善场区小气候，净化空气，减少尘埃和空气中细菌含量，减弱噪声，促进生产等作用。羊场绿化搞得好，夏季可减少辐射热，冬季可阻挡寒流袭击，因此羊场的绿化也应纳入羊场规划布局之中。

羊场的绿化要按照经济适用的原则，以低矮树木为主，不宜栽植高大树木。羊场内可以种植花木、蔬菜、绿化和饲用兼顾的牧草等为宜，羊舍的周围可以种植矮小型树木，以形成生物隔离带。

第三节　羊舍的建设

一、羊舍的基本构造

（一）地面

羊舍地面分为漏缝地板和实地面两种。

1. 漏缝地板　一般高于地面 80～100cm，漏缝宽 2cm 左右。多用水泥和钢筋铸成，使用年限较长，方便清理粪便，床面干燥可以减少蹄病的发生。

2. 实地面　以建筑材料的不同有夯实黏土、三合土（石灰：碎石：黏土比例为 1∶2∶4）、砖地、水泥地面等。黏土地面易于去表换新，但易潮湿和不便消毒；水泥地面不保温、过硬，但便于清扫和消毒；砖地面保温，也便于清扫和消毒，但成本高，适合寒冷地区。

（二）墙

在冬季，通过墙体的散热量一般占畜舍总散热量的 35%～40%。墙体要求造价适宜，保温好，易消毒，可选用土墙、砖墙、石墙等。近年来建筑材料发展很快，如金属铝板、钢构件和隔热材料已经应用于羊场，具有外形美观，保温性能好，建设周期短等优点，并且造价和传统砖墙结构的相差不多。

（三）屋顶

屋顶材料有砖瓦、泥、塑料薄膜、油毡等，羊舍净高度要求不低于 2.5m。

（四）运动场

单列式羊舍应坐北朝南排列，所以运动场应设在羊舍的南面；双列式羊舍应南北向排列，运动场设在羊舍的东西两侧，以利于采光。运动场地面应低于羊舍地面，并向外稍有倾斜，便于排水和保持干燥。

（五）羊床

对羊进行高床舍饲的羊床，床体的基架高 50～80cm，宽150～170cm，基架上前方是栅栏状前栏，高 100～120cm，栏间形成的颈夹宽 8～10cm，中间有供羊头颈伸出的孔洞，基架上平铺漏粪板，板间具有 2～3cm 的间距（图 1-3-1）。羊床材料选择：根据当地实际情况选择，也可到专业生产厂家定制生产。

图 1-3-1 羊 床

二、羊舍的建设类型

羊舍根据四周墙壁封闭的严密程度可划分为封闭式、半开放式和开放式（棚式）三种类型。

（一）封闭式

全封闭状态的羊舍，通风换气依赖于门、窗或通风设备，该羊舍具有良好的隔热能力，可以有效地阻止外部热量的传入和羊舍内部热量的散失，便于人工控制舍内环境。封闭羊舍四面有墙，纵墙上设窗，跨度可大可小。可开窗进行自然通风和光照，或进行正压机械通风，也可关窗进行负压机械通风。由于关窗后封闭较好，防寒保暖效果最好（图 1-3-2）。

图 1-3-2 封闭式羊舍

（二）半开放式

半开放式羊舍三面有墙，一面无长墙，正面全部敞开或有部分墙体，敞开部分通常在南侧，多用于单列的小跨度羊舍（图 1-3-3）。这类羊舍的开敞部分在冬天可加遮挡形成封闭舍。由于一面无墙或为半截墙、跨度小，因而通风换气良好，白天光照充足，一般不需人工照明、人工通风和人工采暖设备，基建投资小，运转费用小。

长方形羊舍是我国普遍采用的形式，在舍饲期或以舍饲为主的羊场，羊只多在舍内、运动场内活动，这类羊舍内应有固定的草架、饲槽、饮水槽等。以舍饲为主的长方形羊舍以双列式较多，若为双列对头式羊舍，则中间为走道，在走道两侧修建带有颈枷的固定式饲槽；若为双列对尾式羊舍，则走道、饲槽、颈枷应靠两侧窗户。走道宜用水泥、砖石铺成。

图 1-3-3　半开放式羊舍

（三）开放式（棚式）

开放式羊舍只有屋顶而没有墙壁（图 1-3-4），适宜在气候温暖的地区，或做短期育肥使用，特点是造价低、光线充足、通风良好，但保暖性能差，在室外温度过低的时候需要室内饲养。

图 1-3-4　棚式羊舍

第四节　羊场的设施设备

羊场的设施设备是羊场的重要组成部分，羊场能否高效运转和正常生产与配套设施密不可分。

一、饲喂设施

（一）料槽

饲料槽喂羊既节省饲料又干净卫生，是舍饲羊只的必备设备。可以用砖、石头、水泥等砌成固定的饲槽，也可以用木头做成移动的饲槽。

1. 固定饲槽为长条形食槽，在食槽的一边用木头或铁管做成带孔的栅栏，供羊采食。

2. 移动饲槽用厚木板钉成，制作简单，便于携带。长 1.5～2m、上宽 35cm、下宽 30cm。主要用于满足冬、春季补饲。

（二）饮水槽

饮水槽一般固定在羊舍或运动场上，可用镀锌铁皮制成，也可用砖、水泥制成。在其一侧下部设置排水口，以便清洗水槽，保证饮食卫生。水槽高度以羊方便饮水为宜。

二、消毒设施、设备

（一）足履消毒池

消毒池应设置在场区门口和羊舍门口，深度为 5～10cm，内设麻垫，以消毒液没过鞋底为宜，池内消毒药 2～3 天更换一次，或每周更换 2～3 次，以保证消毒效果（图 1-4-1）。

图 1-4-1　足履消毒池

（二）熏蒸消毒机

工作人员是将病原带入场区的主要媒介，因此进入厂区的人员必须严格消毒，每次熏蒸时间不少于 2min（图 1-4-2）。

图 1-4-2　熏蒸消毒机

（三）紫外线灯

场区门口应设有消毒室，内设紫外线灯或移动紫外线消毒车

（图 1-4-3 和图 1-4-4）。进出生产区需经紫外线照射 5min 以上。需注意的是紫外线消毒灯，最佳的消毒距离是 2m，超过 2m 消毒效果减弱。

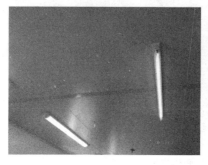 

图 1-4-3　紫外线灯　　　　图 1-4-4　紫外线消毒车

（四）衣服、鞋消毒柜

外来人员进场和外出回场人员进出生产区须在淋浴后更换已消毒的工作服，对工作服消毒可采用消毒液浸泡、紫外线照射等方法（图 1-4-5）。

（五）消毒池

消毒池长为车轮 2 个周长以上，上方可建顶棚，防止雨水稀释消毒液（图 1-4-6）。每 2～3 天更换一次消毒水，防止浓度降低。同时用喷雾消毒装置（图 1-4-7），对进出车辆

图 1-4-5　衣服、鞋消毒柜

进行喷雾消毒。喷雾消毒装置还用于羊舍内部或其他设施、设备进行消毒。

图 1-4-6　消毒池　　　　　　图 1-4-7　喷雾消毒装置

（六）药浴池

药浴池一般深不少于 1m，长 8～15m，池底宽 0.3～0.6m，上宽 0.6～1m，以一只羊能顺利通过而转不过身为宜。入口一端是陡坡，出口一端设计成台阶以便羊只行走，在出口端要设滴流台，羊出浴后在羊栏内停留一段时间，使身上多余的药液流回池内。药浴池一般为长方形，似一条狭而深的水沟，用水泥筑成。小型羊场或农户可用浴槽、浴桶代替，以达到预防体外寄生虫的目的（图 1-4-8）。

图 1-4-8　药浴池

三、饲草加工设施

（一）联合收割机

联合收割机用于青贮料的收割（图 1-4-9）。

图 1-4-9　联合收割机

（二）铡草机

铡草机用于铡切农作物秸秆和牧草等（图 1-4-10）。

图 1-4-10　铡草机

（三）饲料搅拌机

饲料搅拌机使饲料搅拌的更为均匀，减少养殖成本，提高养殖效率（图1-4-11）。

图1-4-11 饲料搅拌机

（四）青贮池

为保证秸秆质量，青贮池以砖砌水泥结构的双联池为好。青贮池的大小要根据家畜饲喂量而定（图1-4-12）。

图1-4-12 青贮池

四、其他基础设施

(一)磅秤

为了解羊只生长发育动态和批量买卖、运输羊只应在羊场设置普通磅秤(图 1-4-13)或小型地磅(图 1-4-14)。

图 1-4-13　普通磅秤

图 1-4-14　小型地磅

(二)羊笼

为了方便羊只的称重,磅秤上放羊笼,羊笼多用木条或钢筋制成,一般长 1.4m,宽 0.6m,高 1~1.2m,两端设活门供羊只进出(图 1-4-15)。

图 1-4-15　羊　笼

（三）通风设备

风帽（图1-4-16）和排风扇（图1-4-17）是保持羊舍内空气流通的主要设备。

图1-4-16　风　帽

图1-4-17　排风扇

（四）修蹄设施

目前常用的有电动修蹄器（图1-4-18）、普通修蹄钳（图1-4-19），对羊蹄进行修剪可减少蹄病。

图1-4-18　电动修蹄器

图1-4-19　普通修蹄钳

第五节 羊场建立生物安全体系的重要性

一、生物安全体系对养羊业发展的重要意义

生物安全体系的建立是近年来国内外提出的有关集约化养殖生产过程中保护和提高畜禽群健康状况的新理论，也是最有效、最经济的控制疫病发生、传播的方法。生物安全是指包括阻断致病性的病毒、细菌、真菌、寄生虫和原生动物等侵入畜禽群并进行增殖而采取的各项措施。它不仅重视整个生产体系所有部分的联系及其对动物安全的影响，而且强调从实践上贯穿于生产管理始终，所以生物安全是阻断疫病进入羊群体、排除疾病威胁的多种预防措施的集成。

二、生物安全体系在疫病防治中的重要地位

生物安全体系是系统工程，其涵盖羊场的选址、规划、建设、布局、疫病防控、无害化处理等多个方面，是为羊繁育提供一个舒适环境的前提，进而使羊机体的抵抗力得到提升，同时尽可能地使羊远离病原体的攻击。

我国养羊业紧随其他养殖业的蓬勃发展，现阶段已经朝着规模化、集约化、现代化的水平迈进，但是，养羊业和养猪业、养鸡业相比，在硬件建设、饲养方式、疫病控制水平上还存在着明显的差距。更由于一些养羊场养殖意识的落后，忽视养殖环境的控制，忽视防疫工作，滥用抗生素、化学药物，过分依赖疫苗等，导致羊的发病率与死淘率升高，防制难度加大，疾病变得更加复杂化，使养羊业遭受较大的经济损失。针对规模化养羊业发展的初期，如何为肉羊的养殖业健康发展保驾护航，控制好疫病是第一位的。正确的理念对控制疫病尤为重要，根据多方实践证明，生物安全体系的建立与实施是实现羊的健康养殖的关键措施。

三、生物安全体系与疫病三要素的关系

生物安全体系是预防疫病的总规则及措施。针对疫病发生的三个基本要素之间的复杂联系和相互作用，通过完善养殖场工艺设计等方法来建立对羊健康有利的生态环境；通过全员防疫、全面监测来加强安全管理系统。生物安全体系要求在整个生产系统和生产过程中贯彻生物安全措施，从而防止在集约化条件下饲养时疫病的发生和流行。

疫病发生的三个基本要素，即传染源、传播途径和易感动物，它们之间相互作用，构成疫病发生和流行的必要条件。传染源、传播途径和易感动物三要素是形成疫病发生的基本环节，缺少任何一个要素，疫病都不可能发生和流行。

生物安全体系的重点是消除传染源和切断传播途径。针对疫病的循环过程，抓住生产过程的每一个环节，消灭传染源，切断传播途径，这是建设生物安全体系的特点和要求。一个疫病的发生必然是病因通过一定途径作用于动物机体冲破了动物的防御能力所致。因此，有效减少和暂时、局部消灭病原，切断传播途径，增强羊群非特异性抵抗力，降低易感性是防止疫病发生的关键。生物安全就是一种以切断传播途径为主的，包括全部良好饲育方法和管理实践在内的预防疫病发生的生产体系。推行生物安全体系是降低传染病暴发的重要措施。

第六节 生物安全体系的组成单元

一、生物安全体系中人员的控制

为了控制羊场人员的流动，可建筑围墙并设进出口。工作人员应定期体检，不得患有人兽共患病。养殖场（小区）兽医人员不准对外诊疗动物疾病，配种人员不准对外开展配种工

作。非生产人员一般不允许进入生产区，特殊情况下，非生产人员经消毒，更换防护服后方可入场，并遵守场内的一切防疫制度。工作人员进入或离开每一栋羊舍时要养成清洗双手、踏消毒池、换消毒鞋靴的习惯。尤其是饲养员应远离外界畜禽病原污染源，最好不要进屠宰场和畜禽交易市场，家中禁止饲养与养殖场相同的动物。

车间管理人员、技术人员巡检时应按照由小日龄羊群到大日龄羊群、由健康羊群到发病羊群、由清洁区到污染区的顺序开展日常工作。

二、生物安全体系中羊群的控制

（一）检疫

检疫是指用各种诊断方法对羊及其产品进行疫病检查，主要任务是杜绝病羊入场，及时发现本场羊群中的病羊，采取相应措施，防止疫病的发生和传播。新进羊群经隔离检疫、健康检查，兽医确认健康后方可入场继续饲养。

（二）引种

引进羊群必须具有《动物产地检疫合格证明》或《出入境动物检疫合格证明》和《动物及动物产品运载工具消毒证明》，以及县动物疫监督机构审批的《同意调入证明》。羊只在装运及运输过程中不能接触其他偶蹄动物。引进的羊只能来自已取得《动物防疫合格证》的羊场。引进的羊只必须经过布鲁氏菌病检疫呈阴性。羊只引进后要在隔离场隔离饲养30天以上，在此期进行观察、检疫，确认为健康者方可合群饲养。要从管理水平高、质量信誉好、具有种羊经营许可证、没有垂直传播疾病的种羊场引种，最好不要同时从2个以上种羊场引种，以防止交叉感染。

（三）隔离

进场后要进行至少30天隔离观察，一旦发现病情或疫情，应立即进行处理。确认为健康者，经驱虫、消毒，没有注射过疫苗的还要补注疫苗，然后方可与原有羊混群饲养。

（四）饲养管理

同一舍内要求饲养同品种、同日龄的羊群，实行"全进全出"饲养制度，要求以场为单位"全进全出"，最低也要以栋为单位。当羊群出售后或淘汰后，要有15～20天的清洗、消毒、空舍时间以切断病原体的循环感染和交叉感染，给新进羊群创造一个舒适、卫生的生活环境。做好羊群的日常观察和健康检查及病情分析，建立免疫和检查档案。

三、生物安全体系中车辆与物品的控制

（一）进场车辆的控制

进入场区的车辆进门前应清洗干净，通过消毒池时应缓慢通过达到轮胎浸泡消毒的目的。

进入羊场的随车物品要逐一检查以排除生物安全隐患，通过检查后存放到相对隔离的区域（物资储备库），必要时对进入生产区的物品进行消毒处理。

（二）场内物品的控制

场内设备、工具等应定期消毒和清洗，各个功能区的设备、工具严禁混用。保证饲料及饮水的清洁安全，定期对料槽、水槽进行清理。

场区严禁饲养其他动物（尤其是犬、猫），设置驱鸟工具，并定期进行灭鼠、灭蚊、灭蝇等工作。

四、生物安全体系中环境的控制

(一)场区环境卫生及消毒的控制

羊场内的道路每天要进行一次清理,每周应对环境进行消毒1～2次,在一些疫病发生和流行时期,应适当增加消毒次数。转群、出栏后应对舍内进行彻底清洗,可用2%的烧碱、氯制剂或碘制剂喷洒地面、墙壁、栏、槽具,消毒2h后,再用清水冲洗干净,待干燥后封闭羊舍。空置6～7天后方可使用。羊舍内要定期进行带羊消毒,一般每周不少于1次。

(二)场区饲养密度及温湿度的控制

羊舍面积以羊的数量和饲养方式而定,如果面积过大,则浪费土地和建筑材料,单位面积养羊的成本会升高;面积过小,羊拥挤、环境质量差,不利于饲养管理和羊的健康。各类羊所需面积见表1-6-1。

表1-6-1　各类羊所需面积

类别	面积（m²）
产羔母羊	1.0～2.0
群饲公羊	2.0～2.5
种用（单饲）公羊	4.0～6.0
成年羊或育成羊	0.8～1.2
育肥羔羊	0.6～0.8
新出羔羊	母羊所占面积的20%～25%

冬季产羔舍最低温度应保持在8℃以上,一般羊舍0℃以上,夏季舍温不应超过30℃,绵羊适宜温度范围是14～22℃,山羊略高些。羊舍应保持干燥,地面不能太潮湿,空气相对湿度应低于70%。

五、生物安全体系中防控目标的控制

(一)羊场寄生虫的防控

体内寄生虫对养羊业危害很大,必须重视羊群寄生虫病的防治。对临床发病的羊群要进行治疗性驱虫,并根据当地寄生虫病流行规律,对带虫者进行全群预防性驱虫。可供选择的驱虫药很多,无论选用何种药物,进行大群驱虫时,应先对少数羊只驱虫,确认安全有效后再全面开展。预防性驱虫的时间,通常是转入舍饲以后进行全面驱虫。由于感染寄生虫的时间不完全一样,驱虫药物发生作用又有一定限度,因此间隔一段时间再重复驱虫。驱虫应在羊舍或指定场所进行。驱虫后排出的粪便及虫体应集中堆集起来进行生物热发酵,以消灭虫卵。

体外寄生虫药浴或药淋浴是防治羊外寄生虫病的有效措施,一般可选择在剪毛或抓绒后 7~10 天进行。常用的药物有伊维菌素、阿维菌素等。

预防性驱虫一般在每年的 3—4 月及 9—10 月各驱虫 1 次,部分地区由于土壤潮湿,空气湿度大,利于寄生虫的繁殖,因此,该类地区应在 6—7 月增加驱虫 1~2 次;体外驱虫应在体内驱虫后立刻进行药浴,药浴应在天气晴朗无风时进行,药液须现配现用,药液温度应保持在 20~35 ℃。

(二)疫苗选择、免疫方面应注意的问题

不同羊场,不同用途、不同饲养方式的羊群免疫程序是不可能相同的,要达到免疫程序和实施方案合理,应根据不同情况选择制定切合实际的免疫程序。

1. 根据羊品种选择　各种不同用途品种间的差异,对于种用羊、毛用羊等饲养周期较长的羊,其免疫程序应综合考虑各种疫苗的免疫接种时间,尽可能地在产仔前全部结束。

2. 根据本场饲养管理水平选择　管理制度严格,各种防疫措

施有力，环境控制较好的羊场，病原入侵的机会相对减少，即属于相对安全区域；反之管理松散，防疫制度名存实亡，各种疫病常发的羊场，则属于多发病区域。这两种不同区域的免疫程序和疫苗种类的选择是不同的。

3. 根据当地疫病发生状况选择 根据本地区内发生疫病的种类、流行情况选择，常发病、多发病，应重点安排免疫，本地从未发生过的疫病，应慎重使用疫苗。

4. 根据免疫检测情况选择 不同厂家生产的疫苗免疫期及产生免疫力的时间是各不相同的。一般情况下应首先选用毒力弱的疫苗作基础免疫，然后再用毒力稍强的疫苗进行加强免疫。为使免疫更合理、更科学化，并通过实际的免疫效果检验免疫程序，应考虑建立免疫监测制度，根据免疫监测结果及时修正免疫程序，使免疫程序更科学、更合理。

（三）无害化处理与生态循环相结合

羊粪、尿、病死尸体、垫料、污水及过期兽药、疫苗、包装物等均可对环境构成污染，应积极主动采取针对性处理措施。采用农牧生态循环模式来对羊场废水、粪便进行处理和再利用，是目前较好的一种处理方式。

羊场排放的废水主要有清洗羊舍场地和器具及对羊只进行清洗药浴后产生的废水。废水应通过地下排水设施进入废水池，不得排入附近的水产养殖水域或饮用水域，进行厌氧或有氧处理后返田。粪便进行好氧性高温发酵堆肥，处理后的粪便为优质的有机肥。

病死羊尸体含有大量病原体，严禁随意丢弃、出售或用作饲料，以防止疫病的传播与流行。根据不同的疾病种类和性质，按《畜禽病害肉尸及其产品无害化处理规程》（GB 16548—2006）的规定，采取焚烧或深埋方法处理。对危害性较大的传染病病羊尸体应用密闭的容器运送到最近的焚化站处理；一般性病尸或无条件运送病尸的羊场，应深埋（坑深 2m 以上），并在尸体上覆盖 3～5cm 石灰。

农牧生态循环核心理念是把传统"资源-产品-污染排放"的"单向单环式"的线性农业改造成"资源-产品-再生资源-产品-再生资源"的"多向多环式"与"多向循环式"相结合的农业综合模式。农牧生态循环是一种通过废弃物或废旧物资的循环再生，达到生产和消费过程中投入的自然资源减少、向环境中排放的废弃物减少、对环境的危害或破坏很小的产业，即低投入、高效率和低排放的产业。养殖业本身风险大，污染环境，农牧结合后粪便尿液化害为利、变废为宝，循环再生利用，促进种植业增产增收，其综合效益远远大于独立的养殖业、种植业本身。因此，在做羊场规划设计时，不能简单地以出栏数量评估效益，要做综合效益评价。

第二章

肉羊的饲养与管理

第一节 肉羊饲养概况

我国养羊业历史悠久，历来是农牧业生产中的重要产业，也是农户经济收入的重要来源。我国目前共有羊品种100多个，产肉性能较好的品种有阿勒泰羊、小尾寒羊、槐山羊、南江黄羊、湖羊、陕南山羊、马头山羊等。另外，近年来又从国外引进了萨福克羊、美利奴羊、波尔山羊等世界著名的肉用羊品种。随着生活水平的提高，在平原农区，养羊业发展迅速，肉羊的饲养管理状况成为影响养羊经济效益的重要因素。

目前农区肉羊的饲养方式主要以舍饲为主。根据羊的生理特点，肉羊的饲喂以青绿饲料为优，但在平原农区因地域特点，没有充足的青绿饲料，肉羊养殖要根据当地农作物资源、牧草种植、羊舍面积以及绵羊、山羊品种类型来确定。肉羊饲养要在充分利用当地资源，保证羊群正常生长发育和充分发挥生产性能潜力的前提下，尽量做到降低饲养成本，提高经济效益。

在平原地区，夏秋季节各种作物、牧草灌木生长茂盛，青绿多汁，适合肉羊育肥，冬春季节多依靠外购的干草和精料搭配饲喂。农区肉羊饲养可根据当地农作物生产情况，饲喂性价比高的饲料。在北方，玉米秸、高粱秸等各种农作物秸秆，花生藤、红薯藤等藤蔓都可以作为饲料。精饲料来源更为充分，包括各种豆类、谷类、玉米、高粱、豆饼等。由于舍饲成本较放牧饲养高，农户可结合当地情况做适宜搭配。

第二节 肉羊的饲养管理

目前农区肉羊养殖有两种模式：即自繁自养模式和外购短期育肥模式。其中：自繁自养模式饲养周期长，过程复杂，需要做好各个阶段的饲养管理；短期育肥模式饲养周期短，阶段相对单一，易于掌握，在肉羊行情好的情况下，见效快，受到农户的欢迎，但外来疫病成为影响其经济效益的重要因素。现就这两种养殖模式分述如下：

一、自繁自养模式羊场的饲养管理

为减少外来疫病入侵，降低疫病发生的风险，提倡肉羊自繁自养，自繁自养模式需要做好种公羊、种母羊、羔羊、育肥羊四个阶段的管理。

（一）种公羊的饲养管理

种公羊的饲养管理直接影响到后代育肥羊的质量，做好种公羊的饲养管理至关重要。

1. 原则 在羊群中，种公羊数量少，种用价值高，对后代影响大，因此在饲养管理上要求比较精细，以保证种公羊的质量。种公羊应维持中上等膘情，保持其常年健壮、活泼、精力充沛、性欲旺盛。尤其配种季节前后，更要保持较好膘情，以保证其配种能力强，精液品质好。

2. 饲料 种公羊的饲料要求营养全面，应维持较高的营养水平，含有足量优质的蛋白质、维生素 A、维生素 D 及无机盐，且易消化，适口性好。理想的饲料，鲜干草类有苜蓿草、青燕麦草等；精料有燕麦、大麦、豌豆、黑豆、玉米、高粱、豆饼、麦麸等；多汁饲料有胡萝卜、甜菜和玉米青贮等。

3. 生产管理 种公羊舍选择通风、干燥、向阳的地方，保持清洁干燥，定期消毒。种公羊单独组群，因舍饲没有放牧条件，应加强运动，尤其到了配种期保证有足够的运动量。

依据种公羊配种强度及其营养需要特点，可把种公羊的饲养管理分为非配种期和配种期两个阶段。种公羊的混合精料配方可参考：玉米53%，麸皮7%，豆粕20%，棉籽饼10%，鱼粉8%，食盐1%，石粉1%。非配种期每天每只0.5~0.6kg，每天分两次饲喂。配种期每天每只0.8~1.0kg，每天分4次饲喂。

（1）非配种期饲养管理　非配种期内的种公羊，除应供给足够的热能外，还应注意足够的蛋白质、矿物质和维生素的补充。除精料和干草外每日可增加青饲料或胡萝卜0.5kg左右，食盐5~10g，预混料1%，并坚持适当的运动。

（2）配种期饲养管理　配种期饲养又可分为配种预备期（配种前1.0~1.5个月）及配种期（1.0~1.5个月）饲养。配种预备期在一般饲养管理措施的基础上应增加精料量，按配种期喂给量的60%~70%补给，逐渐增加到配种期精料的喂给量。

配种期的日粮参考配方：

玉米40%~50%，麸皮15%~20%，熟豆饼或炒黄豆20%~25%，菜籽饼（熟）5%~6%，棉籽饼5%~6%，骨粉或碳酸氢钙（脱氟）1%~1.5%，食盐1%~1.5%，含硒微量添加剂1%~1.5%，碳酸氢钠0.5%~1%。或者：精料1kg，苜蓿干草或野干草2kg，胡萝卜0.5~1.5kg，食盐15~20g，骨粉5~10g，全部粗料和精料可分2~3次喂给。精料的喂量应根据种羊的体重、精液品质和体况酌情增减。

配种结束后的种公羊管理主要是恢复体力，增膘复壮，日粮标准和饲养方式要逐渐过渡，不能变化太大、逐步增加活动时间；饲喂方法上，精料的饲喂量先不减，经过一段时间后，再适量减少精料，逐渐过渡到非配种期饲养。

（3）采精　公羊在采精前不宜吃得过饱。对精液密度和活力不达标的公羊，要增加优质蛋白质饲料和胡萝卜的饲喂量，并增加运动量。采精的工作人员要身体健康，技术熟练，人员相对稳定，不要随意更换。

采精的时间频率：种公羊在配种前1个月开始采精，检查精液品质。开始采精时每周采精1次，继后每周2次，以后每2天1次，到配种时，每天可采精1~2次，个别成年公羊每日采精最多可达3~4次，但注意不要连续采精，采精次数多的，期间要有休息时间，2次采精间隔不少于2h。

（二）种母羊的饲养管理

种母羊是羊群生产的基础，其生产性能直接决定羊群的生产水平，为使胚胎能充分发育和母羊产后有充足的乳汁，应当有充足的营养物质作基础。因而要给予良好的饲养管理条件，使其能顺利完成配种、妊娠、哺乳过程。

依据种母羊生理特点和所处生产周期的不同，可把母羊的饲养管理分为空怀期、妊娠期和泌乳期三个阶段，其中妊娠期可分为妊娠前期（3个月）和妊娠后期（2个月）；哺乳期也分为哺乳前期和哺乳后期（各为1个多月）。饲养工作重点在妊娠后期和哺乳前期，共约4个月。

1. 空怀期的饲养管理 空怀期是断奶至配种受胎阶段，约为3个月，这一时期的主要工作是帮助母羊恢复体况，为母羊配种、妊娠储备营养，以确保较高的受胎率和产羔率。在舍饲状态下，空怀期的关键技术是羔羊适时断奶。断奶过早，羔羊生长发育受到影响；断奶过迟，母羊的体况在短时期内难以恢复。抓好适时断奶的同时，必须给予合理的日粮，满足其发情需要，为配种妊娠储备营养，但不能过肥。繁殖母羊只有在膘情良好的情况下，才能有较高的发情率和受胎率。

2. 妊娠期的饲养管理 母羊妊娠前期（前3个月），胎儿发育缓慢，母羊所需营养与空怀期基本相同，应保持中等膘情。日粮可由70%粗饲料、30%精饲料组成。管理上要避免吃霜草或霉烂饲料，减少剧烈运动，不饮冰水，以防发生早期流产。对膘情不好的母羊要补饲。妊娠后期（妊娠后2个月），胎儿生长发育迅速，羔羊初生重的 80%～90% 是在这一阶段完成的，妊娠后期的母羊不仅要保证足够的蛋白质饲料，还要补充钙、磷及其他矿物质元素和维生素。同时，母羊还需要储备营养，供妊娠和泌乳。此期如果母羊过肥，则容易出现食欲不振，反而使胎儿营养不良。补饲精料的标准要根据母羊的生产性能、膘情和草料的质量而定。

妊娠期的管理要围绕保胎进行，羊进出圈舍要缓慢，要防止拥挤，注意饲料和饮水的清洁卫生，早晨空腹不饮冷水，要严禁饲喂发霉、变质、冰冻或其他异常饲料。母羊在怀孕后期不宜进行防疫注射。治病时不要投服大量的泻药和子宫收缩药，不使用地塞米松等激素类药物，以免流产。同时适量运动，在饲料中适量添加维生素 A、维生素 D。

3. 哺乳期的饲养管理　哺乳期一般为 2～3 个月，在哺乳前期，母乳是羔羊最重要的营养来源，尤其是 20 日龄以前，几乎是羔羊的唯一来源。为了提高母羊泌乳力，应给母羊饲喂较多的鲜、干青草，多汁饲料和精料，矿物质和微量元素。但应注意，产后 1～3 天，对膘情好的母羊不应补饲精料，以免因消化不良引发乳房炎。产后 15～20 天，在原有饲料的基础上，每天补饲精料 0.3～0.5kg，尽量喂给优质青绿饲料，1 个月后逐渐减少精料。

管理上要保证饮水充足，圈舍干燥、清洁。冬季要有保暖措施。另外，在产前 10 天左右可多喂一些多汁料和精补料，以促进乳腺分泌。要经常检查母羊乳房，如发现有奶孔闭塞、乳房发炎、化脓或乳汁过多等情况，要及时采取相应措施予以处理。

哺乳后期（后 1～1.5 个月），母羊泌乳量逐渐下降，羔羊对母乳的依赖程度减少，此时应把补饲重点转移到羔羊上，对母羊只补些干草即可，但对膘情较差的母羊，可酌情补饲精料。

（三）羔羊的饲养管理

羔羊是指从出生到断奶（一般 0～3 月龄）的羊羔，羊场目前大都以舍饲的方式进行羔羊的培育，有利于发挥肉用羔羊的生长优势和品种特性。在羔羊培育过程中，肉用羔羊早期生长快，如果忽视肉用羔羊的早期补饲，易造成肉用羔羊生长缓慢和疾病多发等情况。

1. 哺乳期培育

（1）初乳　羔羊生后 30min 内一定让其吃上初乳，羔羊出生36h 后就不能够吸收初乳中完整的抗体蛋白大分子，所以早吃、吃好初乳是促进羔羊体质健壮、减少发病的重要措施。

（2）适时补饲　一般来说，母羊产羔后，如果羔羊健壮，10日龄后就可以母子分群，羔羊每天定时哺乳 3 次，15 日龄就可以补饲，最好饲喂羔羊专用颗粒饲料，或与切碎的青干草、胡萝卜等混合搅拌喂给。可先以苜蓿干草诱食，后设置食槽补饲。羊场可建立羔羊补饲圈，羔羊分群后每天补饲 3 次，正式补饲时，应先喂粗料，后喂精料，定时定量喂完后把饲槽扫净。

（3）保持圈舍温度　圈舍要求恒温，冬季控制在 7～12℃，保持圈舍干燥、干净、防贼风，要勤换褥草，随时清理污物、定期消毒；夏季防干热，通风换气的同时要圈舍保持一定湿度。

（4）适量运动　羔羊的习性好动，早期训练运动有助于促进羔羊的身体健康。生后一周，天气暖和、晴朗，可在室外自由活动，晒晒太阳，也可以放入塑料大棚暖圈内运动。生后一个月可以自由活动，但要慢赶慢行。

2. 断奶后培育　舍饲管理的羔羊，在 2～3 个月断奶分群，按照常用的日粮饲喂，不要突然更换饲草料。圈内设置水槽，以供自由饮水。日粮饲草以优质苜蓿干草为主，添加部分玉米青贮，每天饲喂 3 次，自由采食，配合精料每天饲喂 3 次，定时定量。在使用开食料和乳羊料时注意不要一味追求羔羊的生长速度，盲目加大饲料中蛋白质和能量的含量，防止饲料中蛋白质和能量含量过高导致羔羊肝肾代谢障碍，引起死亡，造成不必要的损失。

3. 做好疾病预防　羔羊时期发生最多的疾病有胃肠炎、脐带炎和羔羊痢疾。科学的饲养管理和免疫预防是防控疫病的重要保证，羊场要建立整套的科学防疫制度。按照免疫程序进行免疫，羊场常用的疫苗有：羊三联四防、链球菌、羊痘等疫苗。需要注意的是，给羔羊做防疫注射、驱虫、去势等均是对羔羊较大的刺激，为避免应激反应过大，引起羊只死亡，应尽可能将羔羊的防疫注射、驱虫、去势等分开进行，间隔 7～10 天，以避免引起羔羊发生意外。

在生产管理上，母羊的产房要保持干燥温暖，接产时要清除羔羊体表、口腔和鼻腔的黏液，认真做好脐带和母羊乳头消毒，接产用品用具要清洗消毒。保持羔羊舍干燥、通风、卫生，严防产生贼风。患病羔羊要隔离治疗，死羔和胎衣要集中进行无害化处理。

（四）育成羊的饲养管理

育成羊是指羔羊断奶后至第一次配种的幼龄羊，一般在 5～8 月龄。

1. 适当的精料营养水平　羔羊断奶后生长很快，营养物质需要较多。若此时营养供应不足，将影响羊只生长发育，降低羊的品质及生产性能，进而影响育成率，成熟期也会推迟。

在育成阶段，无论是冬羔还是春羔，必须重视第一个越冬期的饲养。所以，在越冬期首先要保证有足够青干草、青贮料、多汁饲料的供应，每天补给混合精料 200～250g，留作种用的可酌情提高。如有优质的豆科干草供应时，日料的粗蛋白质含量提高到 15%～16%，其混合精饲料中的能量水平占日粮总能量的 70% 左右为宜，每只羊每天饲喂混合精饲料以 0.4kg 左右为好，同时还需矿物质、钙、磷和食盐的补喂。青年公羊由于生长发育比青年母羊快，所以其需要量应多于青年母羊。可供参考的饲料配方见表 2-2-1。

表 2-2-1 可参考育肥羊饲料配方表

20~30kg 羔羊育肥配方		30~40kg 羊育肥配方	
精料配方		精料配方	
原料	占比（%）	原料	占比（%）
玉米	61	玉米	70
麸皮	10.5	麸皮	6.5
豆粕	25	豆粕	20
食盐	1	食盐	1
石粉	1	石粉	1
磷酸氢钙	0.5	磷酸氢钙	0.5
1%预混料	1	1%预混料	1
最后配方：1kg 青贮＋0.75kg 精料混合，供羊自由采食。		最后配方：1kg 青贮＋0.75kg 精料混合，供羊自由采食。	

2. 合理的饲喂方法和饲养方式 饲料类型对育成羊的体形和生长发育影响很大，充足的优质青干草是培育育成羊的关键。育成羊饲喂优质的青干草，有利于促进消化，提高采食量。

舍饲培育育成羊要在天气好的情况下呼吸新鲜空气、接受充足的阳光照射和充分的运动。如果有优质的饲草可以少喂精饲料。留作后备母羊的育成羊防止精饲料喂量过多，而运动不足，造成过于肥胖，且早熟早衰，影响其利用年限。

3. 剪毛 对于肉羊育肥来说，剪毛可以提高饲料利用率，增加收入，减少皮肤病的发生。如不及时剪毛，会影响出栏和抓夏膘。剪毛一般和驱虫相结合。在养殖量大的羊场，都使用剪毛机，将剪毛和注射驱虫药物一起操作，方便保定。剪毛前 3~5 天，对剪毛场所进行消毒和清扫，在露天场地剪毛选在高燥的地方，并铺上席子，以免沾污羊毛。剪毛应选择良好天气进行，保证羊只在干燥状态下剪毛。

规模小的羊场采用手工剪毛较为普遍。剪毛前要准备好剪刀、磨刀石、席子、绳子和碘酒，育种场还要做好称量和记录。空腹剪毛比较安全。剪毛时，剪刀要放平，紧贴羊的皮肤，以便使毛茬留得短而整齐。剪毛过程中要注意不要剪破皮肤，一旦剪破，要涂碘酒消毒，以防感染。剪毛后20天左右，选择晴朗的天气，对羊只进行药浴，以防止体外寄生虫病的发生，影响羊毛质量。机械剪毛省时省力，目前在大规模育肥羊场应用比较广泛（图2-2-1和图2-2-2）。

图 2-2-1　羊电动剪毛工具

4. 修蹄　羊蹄是羊皮肤的衍生物，处于不断地生长之中，因此羊蹄需要经常修剪，如羊蹄长期不修剪，会导致羊蹄尖上卷、蹄壁裂开、行走异常，甚至给羊的活动和采食带来极大的不便。

羊修蹄一般选择在雨后进行，这时羊蹄质变软，容易修蹄。在给羊修蹄时，需将羊保定好，用事先磨好的修蹄刀切削，一次不可削的太多，一般看到淡红色的微血管为止。一旦出血，应立即用烧烙法止血。一般修好的羊蹄，底部平整，形状方圆，羊站立时端正。如羊已出现了变形蹄，则需要经过几次的修理才能矫正，

图 2-2-2　剪毛现场

不可操之过急。一般舍饲羊应每 2~3 个月修蹄 1 次。

二、短期育肥羊场的饲养管理

在一些育肥羊场，由于肉羊需求量大，本场不能提供更多数量的羔羊，不定期自外地引进羔羊短期集中育肥，还有的育肥羊场专门从外地购买羔羊进行短期育肥，购入后育肥 4 个月左右出栏，采用全进全出式管理。这类短期育肥的羊场，引进羔羊时免疫背景不清楚，带来疫病的风险较大，经过长途运输，极易引发疾病。因此对于这类育成羊，要做到：

1. 引进前的检疫，来自无疫区　外来引入的羊由于免疫背景不是很明确，流行病学调查很困难，因此引进前一定要先查验产地检疫证明。入舍之前最好进行临床检疫和实验室检测，如布鲁氏菌病、小反刍兽疫的检测，有条件的还可以抽检粪便，检测虫卵，以便确定驱虫方案。

2. 隔离　由于短期育肥羊采取的是全进全出的育肥方式，在羊群入场后要及时观察，发现有临床症状的羊进行隔离、诊断、治疗，按照要求进行处理，不要将发病羊只和整群混养，以免造成疫情传播。

3. 驱虫　由于外来引进羊的来源不一样，寄生虫的种类也不同，如吸虫、绦虫、线虫、蜱虫等，育肥羊在入舍后先进行一次体表和体内驱虫，可选择广谱驱虫药，驱虫药物和使用方法参考寄生虫病的防治。如果有条件检测虫卵的话，最好根据检测结果确定驱虫药的种类和频次。

4. 接种疫苗　引入的育肥羊很多免疫背景不明确，因此在隔离饲养正常后，及时纳入羊场免疫程序，以防漏免。如小反刍兽疫、口蹄疫，目前是国家强制免疫病种，应合理安排接种。

5. 饲养管理　参考自繁自养育肥羊的饲养管理方法，由于短期育肥模式的羊不留后备母羊，因此饲料方面可结合当地条件搭配，以提高经济效益为主，饲养时间根据市场行情决定出栏时机，在管理上尽可能减少疫病的发生，才能创造更好的经济效益。

第三章

肉羊饲料及加工技术

第一节　肉羊常用饲料及特点

肉羊日粮常用饲料以粗饲料、青绿多汁饲料为主，并补充配合精饲料，在农区肉羊的饲料受地域的限制，牧草较少，作物类的饲料较多，主要有以下几类。

一、青绿多汁饲料

青绿多汁饲料是指青饲料、多汁饲料和青贮饲料，具有营养丰富、适口性好、柔软多汁、容易消化、蛋白质含量丰富等优点。

(一)常见的青绿饲料

天然牧草、人工牧草、青刈饲料作物或各种绿色植物均属于青绿饲料，如苜蓿、青贮玉米、叶菜、根茎、瓜类等。北方常见的有白菜叶、红薯藤、花生藤等。

(二)青绿饲料的营养特点

1. 水分含量高　一般青绿饲料的水分含量在85%左右，但每千克青绿饲料中仅含消化能$1.26\sim2.51kJ$，因而仅靠青绿饲料作为肉羊的日粮是难以满足其热能需要的，必须配合其他能量较高的饲料组成肉羊日粮。

2. 适口性好　青绿饲料幼嫩多汁，纤维素含量低，适口性好，消化率高，营养比较均衡，若将青绿饲料按一定的比例加入到肉羊的日粮中，会使肉羊的整个日粮利用率提高。

3. 富含蛋白质 青绿饲料含有丰富的蛋白质，用青绿饲料作为肉羊的基础日粮，能基本满足肉羊在各种生理状态下对蛋白质的相对需要量。青绿饲料含有各种必需氨基酸，特别是叶片中叶绿蛋白的氨基酸组成近似于酪蛋白，对于肉羊的生长发育特别有利。

4. 富含多种维生素 青绿饲料中含有多种维生素，如维生素 B 族、维生素 E、维生素 K 等，特别是胡萝卜素。一般而言，肉羊日粮中保持 1/4 左右的青绿饲料，基本上可满足肉羊对维生素的需要。

5. 含有一定数量的雌性激素 青绿饲料中还含有一定数量的雌性激素，母羊经常采食青绿饲料，具有促进母羊发情的作用。

此外，青绿饲料中还含有钙、钾等碱性元素，但其含量的高低与青绿饲料的植物种类、土壤条件、施肥情况等有关。肉羊喜食青绿饲料，但在青绿饲料的利用上有很强的季节性，因此羊场应尽量延长青绿饲料的利用期。

二、粗饲料

粗饲料是指在饲料中天然水分含量在 60% 以下，干物质中粗纤维含量等于或高于 18%，并以风干物形式饲喂的饲料，这类饲料来源广，种类多。

（一）常见粗饲料

主要包括青干草、玉米秸秆、麦秸、树叶等，经过氨化、青贮等技术处理后可增加适口性，提高营养价值。

（二）粗饲料特点

（1）来源广，成本低 在农区，每年有大量的作物秸秆可利用，干草的晒制和秸秆加工成本投入少，利用广泛。

（2）营养价值低　粗饲料的营养含量一般较低，品质较差。

（3）粗纤维含量高，适口性差，消化率低　粗饲料质地一般较硬，粗纤维含量高，适口性差，因此羊利用的有限。但是羊通过对粗饲料的咀嚼，可促进唾液的分泌，唾液是一种缓冲液，可有效控制肉羊瘤胃中的酸碱度，避免羊发生酸中毒。同时，粗饲料对肠胃有刺激作用有利于羊正常反刍，是饲养过程中不可缺少的一类饲料。

另外，粗饲料虽然营养价值低，但体积大，若食入适量，可使机体产生饱食感。

三、精饲料

精饲料是相对于粗饲料而言的，是指粗纤维含量低（<18%），能量含量高，可消化养分含量多的一类饲料。精饲料主要包括农作物的子实（谷物、豆类及油料作物的子实）及其加工的副产品，从营养的角度，可分为能量饲料和蛋白质饲料两大类。

（一）常见精饲料

肉羊能量饲料中常见的有玉米、高粱、大麦、小麦、燕麦、麸皮、米糠、玉米糠等；蛋白质饲料有大豆、蚕豆、豌豆、豆饼（粕）、菜籽饼、棉籽饼等，有的还添加鸡蛋、牛乳等动物性蛋白质。

（二）精饲料特点

精饲料的特点是容积小，粗纤维含量低，能量含量高，蛋白质含量高，适口性好，易消化、易于保存的特点。

精饲料是机体组织构成、维持生命以及生产所需营养物质的重要来源，羊虽有特殊的消化系统，对干草、秸秆等粗饲料可以进行有效的利用，但养羊要达到高效优质，必须补充足够的精饲料。

四、饲料使用原则

为保证肉羊健康和羊肉品质安全，肉羊场所用饲料和饲料添加剂必须符合《饲料和饲料添加剂管理条例》的相关要求，不能使用发霉、变质、结块、有臭味或异味、有毒有害物质及病原微生物污染的饲料。

第二节　饲料加工技术

肉羊饲料来源广，种类多，为了增加饲料适口性和延长饲料的贮存时间，要对饲料进行加工，常用的饲料加工技术有青贮饲料加工、粗饲料加工、精饲料的加工技术等。

一、青贮饲料加工

青贮指提供厌氧（密闭缺氧）条件，促使附着于青贮原料上的乳酸菌大量繁殖，利用青贮原料中的可溶性糖和淀粉生成乳酸，以抑制或杀死所有微生物，从而最大限度地保存青绿饲料的营养成分。

（一）青贮的原料

常见有玉米、玉米秸秆、高粱秆、新鲜苜蓿、禾本科牧草、甜菜、胡萝卜等。

（二）青贮设施及方法

常用的青贮设施有三种：青贮池、青贮袋和青贮塔。现分述如下：

1. 青贮池　青贮池应大小适中。一般而言，青贮池越大，原料的损耗越少，发酵质量越好。在实际应用中，青贮池的大小应根据饲养羊只数和每日取用的饲料的厚度来决定，以每日取料量厚度不少于 10cm 为宜。地上青贮池全部建在地面以上，池壁高 1.5～2m，池壁厚度不低于 70cm，以满足密闭的要求。地下青贮池适合冬季寒冷的北方，可防青贮冰冻（图 3-2-1）。半地上半地下青贮池也是一种很好的选择。青贮池壁需水泥抹面或铺塑料薄膜，以利密封。

图 3-2-1　地下青贮池

青贮方法：青贮原料收割后，先切割成 2～3cm 长的碎料。将青贮原料的水分含量调整到 60%～70%，开始装池，随装随踩，每 30cm 左右夯实 1 次，直到超过池口 30～50cm，最后封顶。待2～3 天原料下沉后，盖上 20cm 左右的青草，盖土踩实，保持密闭。青贮料的发酵时间一般为 40～60 天，取用青贮饲料时，弃掉表面腐烂变质部分，从上而下取用，取用完后密闭严实，当天取用的饲料当天用完。

2. 青贮袋　青贮袋为双层塑料，用无毒聚乙烯或聚丙烯制成，直径 1.5～3m，高 2～3m，塑料厚度应在 0.1mm 以上，最好是外层白色、内层黑色，白色反射阳光，黑色抵抗紫外线对饲料的破坏作用（图 3-2-2）。

制作方法：一是将切碎的青贮原料装入用塑料薄膜制成的青贮

袋内，装满后用真空泵抽空密封，存放于干燥处；二是用打捆机将青绿牧草打成草捆，装入塑料袋内密封，置于干燥处发酵。

3. 青贮塔　一般为砖砌，水泥抹面，占地小，可长期使用，但建造成本较高，农区较少使用。

4. 青贮注意事项

（1）必须密闭不透气　密闭是调制优质青贮饲料的首要条件，以满足厌氧菌的生长。为防止透气，可在青贮池壁内裱衬一层塑料薄膜。

图 3-2-2　青贮袋

（2）不透水　青贮设施避免在靠近水塘、粪池的地方修建，以免污水渗入。

（3）壁面光滑平直　青贮设施的墙壁要求平滑垂直，这样才有利于青贮饲料的下沉和压实。

（4）要有一定的深度和宽度，宽度直径应小于深度　宽度和深度之比为 1∶1.5 或 1∶2，以利于借助青贮原料的重力压紧压实，并减少池内的空气，保证青贮质量。

（5）防冻　池壁和覆盖物必须能够防冻，以免青贮原料冻结，影响饲喂。

二、粗饲料的加工

舍饲肉羊粗饲料加工常见于各种农作物秸秆的加工，秸秆切短后经青贮、氨化、微贮等处理后可提高饲料的适口性和营养价值以及消化率。

（一）物理加工

1. 干草的加工　调制禾本科干草，应在抽穗期收割；豆科或其他干草应在开花期收割。青干草的含水量应在 15% 以下，绿色、芳香、茎枝柔软、叶片多、杂质少是制作青干草的要求，而且应打捆和设棚贮藏。干草在饲喂时要切碎，切割长度在 3cm 左右，防止浪费。

目前，市面上有很多销售切割包装好的干草饲料，对于粗饲料缺乏的地区，使用起来很方便，储存时要注意防潮，防霉，储藏处要保持干燥，定期灭鼠。

2. 秸秆加工　常见的方法有切碎或粉碎、浸泡、蒸煮等方法。

（1）切碎　切碎是加工调制秸秆最简便重要的方法，秸秆切碎后可减少饲料浪费，提高采食量，秸秆切短长度一般为 1.5~2.5cm。

（2）浸泡　浸泡可使秸秆软化，降低粗糙度，提高适口性。将秸秆放入 3% 左右浓度的盐水中浸泡约 1 天，加入精料饲喂。

（3）蒸煮　蒸煮可使秸秆软化，降低粗糙度，提高适口性，提高消化率，90℃下蒸 1h 或煮 30min 即可，晾凉后喂羊。

（二）化学处理

秸秆常见的化学处理方法有氨化和碱化处理。

1. 秸秆氨化　秸秆氨化是将液氨、氨水或尿素按照一定比例加入到秸秆中，在常温、密闭的条件下经过一定时间的处理，以提高秸秆饲用价值的过程。秸秆氨化后变软并能造成适宜瘤胃微生物活动的微碱性环境，可提高秸秆的利用率。

2. 秸秆碱化　利用氢氧化钠等碱性物质对秸秆进行处理，提高秸秆中粗纤维的消化率和适口性的化学处理方法，称为秸秆碱化。经过碱化的秸秆消化率可提高 20% 左右，创造适宜微生物活动的微碱性环境。常见的碱化剂有：熟石灰、氢氧化钾、氢氧化钠、碳酸氢钠等。

（三）秸秆的微生物处理

秸秆中加入高效活性菌种，放入密闭容器中，经厌氧发酵，使秸秆中木质素、纤维素物质部分降解，制成质地柔软，适口性好的饲料即秸秆的微生物处理。

方法：①菌种复活。将秸秆发酵活杆菌按照说明书剂量充分溶解，于常温下放置 1～2 天使菌种复活。②将 1% 的食盐溶液和菌种液混合，使得水分含量占微贮原料的 60%～70%。③秸秆切成 3～5cm 长，逐层装入微贮容器，每隔 25cm 左右，喷洒盐菌液直至微贮原料高出容器 30～40cm，压实，按照 250g/m² 的量撒一层食盐，覆盖塑料薄膜，软秸秆以及土密封。④经过 20～30 天的发酵，即可饲喂。注意发黑、发黏、发臭味的饲料不能饲喂。

三、精饲料加工

为进一步提高精饲料的利用率，饲喂前须进行加工。

（一）能量饲料加工

能量饲料干物质的 70%～80% 是由淀粉组成，粗纤维含量较低，常用加工方法有以下几种。

1. 粉碎和压扁　粉碎是使用最广泛、最简便的方法，即用机械的方法破坏细胞的物理结构，使被外皮或壳包裹的营养物质暴露出来，提高其利用率。如对玉米、高粱、小麦、大麦等进行粉碎，可以增加其表面积，使之与消化液接触更充分，这样消化更完全彻底。但是，饲料粉碎的粒度不应太小，否则易影响羊的反刍，造成其消化不良。一般要求将饲料粉碎成 1/2 或 1/4 的颗粒即可。谷实类饲料喂前应粉碎成 1～2mm 的小颗粒。一次加工以 10 天内喂完为宜，大型羊场最好现喂现加工。

在湿、软状态下，能量饲料也可以压扁后直接喂羊，同样可以达到粉碎的饲喂效果。

2. 水浸 一般用少量水将饲料拌湿后放置一段时间，待水分完全渗透、饲料表面没有游离水时，即可饲喂。

（二）蛋白质饲料加工

目前羊场使用的蛋白质饲料有豆类和豆粕类、棉籽饼等，豆类饲料中含有抗胰蛋白酶，在羊的消化道内其与胰蛋白酶作用，破坏了胰蛋白酶的分子结构，使酶失去生物活性，从而影响营养物质消化吸收。这种抗胰蛋白酶在遇热时就会变性而失去活性，因此生产中常用蒸煮和焙炒的方法加工豆类。

黄豆可以用铁锅自行炒制，也可以购买市面上的销售成品如：炒黄豆、豆粕、棉籽饼、熟豆饼。

四、常用的饲料添加剂和营养调控剂

为了补充饲料中所含养分不足，促进肉羊生长发育，可适当使用饲料添加剂，以提高饲料利用率和增强肉羊的抗病能力，常见的添加剂可分为营养性饲料添加剂和非营养性饲料添加剂。肉羊场的饲料及添加剂应符合国家规定的有关使用准则要求。

（一）营养性饲料添加剂

营养性饲料添加剂如氨基酸、维生素、矿物质及微量元素、非蛋白氮添加剂。

1. 盐砖 是补充肉羊微量元素和矿物质的简易方法。饲喂简单，可放于羊舍或饲槽内供羊自由舔食。

2. 维生素添加剂 常以一种或者复合维生素的形式添加到饲料中，常添加的有维生素 A、维生素 D、维生素 E。

3. 非蛋白氮添加剂 尿素、双缩脲及某些铵盐是应用较广泛的非蛋白氮添加剂。尿素使用方法及注意事项：

（1）制成混合饲料或颗粒饲料。尿素占混合料的 1%～2% 为宜，不能超过 3%。

（2）制成高蛋白质配合饲料。用 70％～75％的谷物饲料、20％～25％的尿素和 5％的膨润土充分混合，在 150～160℃的高温下压制成高蛋白质添加剂，使饲料中糊化淀粉与熔化的尿素结合在一起形成稳定的混合物。

（3）在青贮饲料或碱化处理秸秆时添加尿素。青贮玉米中添加0.5％尿素，可使总粗蛋白质含量达到 10％～12％。碱化秸秆时加入 3％～5％尿素能明显提高秸秆的营养价值。

（4）液氨处理麦秸及谷物饲料。氨化秸秆时每吨用 30kg 氨水，分 3 次，每次 10kg 灌入草垛，每次间隔 1～2 天。

（5）制成非蛋白氮舔食盐块，此法是目前我国养羊生产实践中广泛应用的一种方法。其优点是便于贮藏、运输、采食均匀、利用率高、不易造成中毒。用 10kg 尿素溶于 5L 热水中，加食盐 40kg、糖蜜 20kg、碎谷料 40kg、肉粉 5kg、骨粉 7kg，搅拌均匀压成砖供羊舔食。

（6）复方瘤胃缓解尿素。市场上有两种复方瘤胃缓释尿素产品，一种是颗粒饲料，是将尿素、缓释剂和淀粉载体混合，经硬制粒方法制成硬粒料；另一种是结晶饲料，是将脲酶制剂混合在饲料中。

（二）非营养性饲料添加剂

这类添加剂经常用于成品饲料制作工艺中，农户自行添加的比较少，有饲用微生物制剂、抗氧化剂、防腐剂、着色剂、香味剂等，这些添加剂的使用应符合国家关于饲料添加剂的有关规定。

第四章

传　染　病

第一节　口　蹄　疫

口蹄疫是一种病毒性传染病（属于一类传染病）。其临床特征常表现为患病动物口腔黏膜、蹄趾间皮肤发生疱疹，在民间俗称"口疮""蹄癀"，羔羊多因心肌受损而死亡率增高。

一、病原

口蹄疫病毒属于 RNA 病毒科中的口蹄疫病毒属。口蹄疫病毒具有多型性和易变性，目前已知有 7 个血清型、80 多个亚型，且各血清型间无交叉免疫性，不能交叉保护。目前我国流行的口蹄疫主要为 A 型、O 型和亚洲 I 型三种类型。

二、流行病学

本病以冬春季节多发，有直接接触和间接接触两种传播方式，主要传播途径是通过消化道和呼吸道传染，也可通过眼结膜、鼻黏膜、乳头及伤口感染；患病羊的分泌物、排泄物、脏器、血液中均能分离到该病的病原微生物。空气也是一种重要的传播媒介，病毒能随风引起远距离的跳跃式传播，传染速度快，易形成地方性流行。

三、临床症状

本病潜伏期一般是 1～7 天，发病初期，体温升高到 40～41℃，精神沉郁，采食下降。随着病程的发展，出现呼吸加快，口腔、蹄、乳房等部位出现水疱、溃疡和糜烂（彩图 1 和彩图 2），严重的可在咽喉、气管、前胃等部位出现圆形的烂斑和溃疡。此外，病羊还表现跛行，羔羊有时会出现急性心肌炎而导致猝死，母羊流产，乳用羊奶量减少。一般情况绵羊以蹄部症状最为明显，而山羊多见于口腔病变。

四、病理变化

口腔、蹄部出现水疱和烂斑，消化道黏膜有出血性炎症，心肌色泽较淡，质地松软，心外膜与心内膜有弥散性及斑点状出血，猝死的乳羔羊心肌切面会出现灰白色或淡黄色针尖大小的斑点和条纹，俗称"虎斑心"。

五、诊断

根据流行病学调查、临床症状及病理变化可做出初步诊断。确诊需要进行实验室诊断，检测方法通常包括血清学试验、聚合酶链式反应试验、病毒分离培养等。

六、防控

口蹄疫是国家规定的强制免疫疾病，羊群要定期接种口蹄疫疫苗，同时加强饲养管理，保证饲料营养配比均衡，在饲养过程中避免羊皮肤黏膜受损，及时清除饲草中的芒刺和尖锐食物，搞好圈舍的环境卫生、消毒等工作。

本病属于一类传染病。任何单位或个人发现疑似疫情时，应立即向当地兽医主管部门报告，并按照《口蹄疫防治技术规范》要求采取隔离等措施，一旦确诊，坚决扑杀，彻底消毒，严格封锁，防止扩散。同时对疫区内假定健康羊群，以及受威胁羊群采用疫苗紧急接种。

第二节　绵　羊　痘

绵羊痘又名绵羊天花，是绵羊痘病毒引起的一种急性接触性传染病。它的特征是在全身皮肤、有时也在黏膜上出现典型的痘疹，病羊发热并有较高的死亡率。

一、病原

绵羊痘的病原是痘病毒科、羊痘病毒属中的绵羊痘病毒。该病毒形态呈椭圆形，是一种亲上皮性的病毒，大量存在于病羊的皮肤、黏膜的丘疹、脓疱及痂皮内。鼻分泌物也含有病毒，在血液内仅在发病初期，体温上升时有病毒存在。绵羊痘病毒对高热、紫外线、碱和大多数常用消毒药均敏感。本病毒耐干燥，在干燥疮皮内能存活数年，在干燥羊舍内能存活 8 个月。

二、流行病学

自然情况下，病羊或带毒羊是主要的传染源，绵羊痘病毒只能使绵羊发病，不传染给山羊和其他家畜。本病主要经过呼吸道传播，也可以通过损伤的皮肤或黏膜侵入机体。饲养管理人员、护理用具、皮毛、饲料、垫草以及外寄生虫都可成为传染媒介。本病传播快、发病率高，不同品种、性别和年龄的绵羊均可感染；但一般情况下细毛羊较粗毛羊和本地羊易感性大、羔羊较成年羊易感，病死率较高。本病一年四季均可发生，我国多发生于冬末春初。

三、临床症状

本病潜伏期平均为 6～8 天。病羊体温升高可达 41～42℃，食欲减退，精神不振，眼结膜潮红，流鼻液，初为浆液性，后变为黏液性、脓性分泌物。经 1～4 天后发痘。痘疹多发生于皮肤少毛部位，如眼周围、唇、鼻、颊、四肢和尾内侧、阴唇、乳房、阴囊和包皮上（彩图 3）。开始为红斑，继后形成丘疹，突出皮肤表面，随后丘疹逐渐增大，变成灰白色或淡红色，半球状的隆起结节；结节在几天之内变成水疱，水疱内容物起初像淋巴液，后变成脓性液体，最后结痂。本病传播速度很快，易形成地方流行性，发病率可达 100%，因毒株毒力差异，易感羊群的致死率可达 10%～100% 不等，死亡率的高低与羊群的饲养管理水平有关；怀孕母羊有时会出现流产现象。

四、病理变化

特征性病变是在嘴唇、咽喉、气管、肺和胃肠等部位黏膜上出现大小不同的扁平的灰白色痘疹，其中有些表面破溃形成糜烂和溃疡，特别是唇黏膜与胃黏膜表面更明显。但气管黏膜及其他实质器官，如心脏、肾脏等黏膜或包膜下则形成灰白色扁平或半球形的结节，特别是肺的病变与腺瘤很相似，多发生在肺的表面，切面质地均匀，但很坚硬，数量不定，性状则一致。在这种病灶的周围有时可见充血和水肿等。

五、诊断

根据流行病学调查、临床症状及病理变化可做出初步诊断。确诊需要进行实验室诊断，检测方法通常包括血清学试验、聚合酶链式反应试验、病毒分离培养等。

本病需与羊口蹄疫、羊传染性脓疱、小反刍兽疫、羊快疫等病进行鉴别诊断。

六、防控

本病的预防主要通过绵羊痘常发地区的羊群定期接种绵羊痘疫苗；做好羊群的饲养管理；羊圈要经常打扫，保持干燥清洁；冬、春季节要适当补饲，做好防寒保暖工作，增加羊只的抗病能力。

本病属于一类传染病，任何单位或个人发现疑似疫情时，应立即向当地兽医主管部门报告，并按照《绵羊痘防治技术规范》的要求采取隔离封锁等措施；一旦确诊，坚决扑杀，彻底消毒，严格封锁，防止扩散。同时对疫区内假定健康羊群，以及受威胁羊群采用疫苗紧急接种。

第三节　山羊痘

山羊痘又名"羊出花"或"羊天花"，是由山羊痘病毒引起的一种急性接触性传染病。主要特征是皮肤和黏膜上出现痘疹，常由于继发细菌感染而使病死率大大增加。

一、病原

山羊痘病毒属于痘病毒科山羊痘病毒属。该病毒是一种亲上皮性的病毒，大量存在于病羊的皮肤、黏膜的丘疹、脓疮及痂皮内。鼻黏膜分泌物也含有病毒，发病初期血液中也有病毒存在。山羊痘病毒对热、紫外线、碱和大多数常用消毒药均敏感，在50℃左右20min可使病毒灭活，病毒对寒冷及干燥的抵抗力较强，可存活3个月以上，在毛中存活2个月，在干燥痂皮内能存活数年，在干燥羊舍内能存活8个月。

二、流行病学

自然情况下，病羊或带毒羊是主要的传染源；山羊痘病毒可感染山羊和绵羊。该病毒主要经过呼吸道感染，也可通过损伤的皮肤或黏膜侵入机体而感染。本病主要流行于养羊地区，传播快，发病率高。不同品种、性别和年龄的山羊均可感染，羔羊较成年羊易感，羔羊死亡率高。

三、临床症状

山羊痘的潜伏期为 6～8 天，病羊初期食欲减少，精神不振，有的病羊流黏液性鼻涕，眼睑肿胀、眼结膜充血并有浆液性分泌物。体温可升高到 42℃左右，经 1～4 天开始发痘。病变多发生在口唇和鼻孔周围皮肤、黏膜形成水疱后结成厚而硬的痂，痘皮下有肉芽痂组织增生，一般无全身性反应。本病传播速度很快，最初羊群中个别羊先发病，以后逐渐蔓延到全群。病羊常因继发感染而死亡。

四、病理变化

特征性病变是在咽喉、气管、肺和胃肠等部位黏膜上出现大小不同的扁平的灰白色痘疹，其中有些病变部位表面破溃形成糜烂和溃疡，特别是唇黏膜与胃黏膜表面更明显。但气管黏膜及其他实质器官，如心脏、肾脏等黏膜或包膜下则形成灰白色扁平或半球形的结节，特别是肺的病变与腺瘤很相似，多发生在肺的表面，切面质地均匀，但很坚硬，数量不定，性状则一致。在这种病灶的周围有时可见充血和水肿等。

五、诊断

根据流行病学调查、临床症状及病理变化可做出初步诊断。确诊需要进行实验室诊断检测，检测方法通常包括血清学试验、聚合酶链式反应试验、病毒分离培养等。

本病应与羊传染性脓疱鉴别。

六、防控

定期接种疫苗可有效防止该病发生。平时做好羊群的饲养管理，羊圈要经常打扫，保持干燥清洁。冬、春季节要适当补饲，做好防寒保暖工作，增加羊只的抗病能力。

本病属于一类传染病，任何单位或个人发现疑似疫情时，应立即向当地兽医主管部门报告，并按照《绵羊痘和山羊痘诊断技术》要求采取隔离等措施；一旦确诊，坚决扑杀，彻底消毒，严格封锁，防止扩散，同时对疫区内假定健康羊群，以及受威胁羊群采用疫苗紧急接种。

第四节　羊传染性脓疱病

羊传染性脓疱病俗称"羊口疮"，是一种由传染性脓疱病毒引起的羊的急性、接触性传染病。主要以患羊口、唇等处皮肤和黏膜形成水疱、脓疱、溃疡和结成疣状厚痂为特征。本病羔羊最易感，发病率高，传播快。

一、病原

羊口疮病毒属于痘病毒科、副痘病毒属。羊口疮病毒对外界环境抵抗力强。干燥痂皮内的病毒于夏季日光下经 30～60 天开始丧失其传染性，散落于地面的病毒可以越冬，至来年春天仍具有感染性。病料在低温冷冻条件下保存，可保持毒力达数年之久。该病毒对高温敏感，65℃下经 30min 可将其全部杀死，乙醚有抵抗力而对氯仿敏感。常用的消毒药有 2％的氢氧化钠溶液、10％的石灰乳、1％的醋酸溶液。

二、流行病学

本病多发于夏秋季。以 3～6 月龄的羔羊最易感，传染速度快，常呈群发性流行。成年羊也可感染发病，但呈散发性流行。病羊和带毒羊为本病主要传染源，主要通过损伤的皮肤、黏膜感染，或者通过被污染的圈舍、牧场，用具而感染。由于病毒对外界的抵抗力较强，故该病在羊群中可常年流行。

三、临床症状

潜伏期 4～7 天。病初患羊先在口唇部发生丘疹，继而形成水疱和脓疱，破后溃疡，结成棕色疣状硬痂，一般无全身症状，病程 2 周左右，痂皮干燥脱落而痊愈。脓疱表面形成一层坚硬的褐色痂皮，痂垢不断增厚、肉芽组织增生，整个口唇和鼻端肿大外翻呈"桑葚样"外观，阻碍羔羊吮乳，从而导致瘦弱而死。患病严重的羊可波及口腔黏膜，引起舌、齿龈、咽部的水疱、脓疱和烂斑（彩图 4），由于继发感染而造成局部化脓与坏死，口腔流出恶臭的液体。有的病羊在蹄叉、蹄冠和外阴及乳房、乳头上出现水疱、脓疱与结痂。

四、病理变化

早期局部皮肤的上皮细胞出现变性、肿胀、充血、水肿及坏死，接着表皮细胞增生并呈水疱变性，周围聚集大量多形核白细胞使表皮增厚增生。中后期，局部皮肤的上皮细胞周围聚集大量中性粒细胞，使表面出现脓疱，局部皮肤角质蛋白增厚形成痂皮。剖检除局部皮肤病变外，在瘤胃、网胃等黏膜上也有痘状增生。

五、诊断

根据流行病学调查、临床症状及病理变化可做出初步诊断。确诊需要进行实验室诊断，检测方法通常包括反向间接血凝试验、酶联免疫吸附试验等。

本病须与羊痘、坏死杆菌病、溃疡性皮炎等相鉴别。

六、防控

勿从疫区引进羊或购入饲料、畜产品。引进羊须隔离观察30天以上，严格检疫，也可结合本场实际情况采用药浴池进行蹄部浸泡消毒，证明无病后方可混入大群饲养。保护羊的皮肤、黏膜勿受损伤，随时检查并捡出饲料和垫草中的芒刺，防止发生外伤。

本病流行区用羊口疮弱毒疫苗进行免疫接种，使用疫苗毒株型应与当地流行毒株相同。

第五节　小反刍兽疫

小反刍兽疫俗称羊瘟，主要以发病急剧、高热稽留、口腔糜烂、腹泻、肺炎为特征的一种急性病毒性传染病。山羊比绵羊更易感。世界动物卫生组织将其列为A类疫病，在我国将其列为一类动物疫病。

一、病原

小反刍兽疫病毒属于副黏病毒科麻疹病毒属。该病毒在密切接触的动物之间可通过空气传播。小反刍兽疫只有一个血清型,对酒精、乙醚敏感,大多数化学消毒剂如酚类、2%氢氧化钠溶液等作用24h可将其灭活。

二、流行病学

本病的传染源主要为患病动物和隐性感染动物,处于亚临床型的病羊尤为危险。该病毒随着病羊和带毒羊的分泌物、排泄物排出体外,通过直接和间接接触传染或呼吸道飞沫传播给与之密切接触的易感动物。自然发病仅见于山羊和绵羊。本病多发于多雨季节和干冷季节。

三、临床症状

潜伏期4～6天,最长21天,病羊发病急剧,体温高达41℃以上,烦躁不安,背毛无光,口鼻干燥,食欲减退,鼻流浆液性或脓性分泌物,呼出恶臭气体。患羊可见口腔和鼻黏膜出现弥散性溃疡,甚至有坏死(彩图5)。后期多数病羊发生严重腹泻,脱水,消瘦(彩图6),并伴有咳嗽,随之体温下降。幼年羊发病严重,发病率和死亡率都很高。

四、病理变化

患羊可见结膜炎、坏死性口炎等肉眼病变,严重病例可蔓延到硬腭及咽喉部。可见支气管肺炎,肺尖肺炎(彩图7);皱胃常出现病变,而瘤胃、网胃、瓣胃很少出现病变,病变部常出现有规则、有轮廓的糜烂,创面红色、出血;肠道可见糜烂或出血,尤其在结肠直肠结合处呈特征性线状出血或斑马样条纹(彩图8);淋巴结肿大,脾有坏死性病变;在鼻甲、喉、气管等处有出血斑。

五、诊断

根据流行病学调查、临床症状及病理变化可做出初步诊断。确诊需要进行实验室诊断，检测方法通常包括病毒分离鉴定和血清学试验。常用的血清学检测方法有中和试验、酶联免疫及吸附试验、琼脂免疫扩散试验、荧光抗体试验等。

本病须与口蹄疫、巴氏杆菌病、羊传染性胸膜肺炎等病做鉴别诊断。

六、防控

加强引种检疫，严禁从疫区引进羊只，对外来羊只必须隔离观察 30 天以上，经检查表明健康无病方可混群饲养。流行地区的养羊场（户）应做好羊群免疫工作，对新生羔羊和新补栏的羊要及时补免，并对免疫期满 3 年的羊追加免疫工作。同时做好养殖场人员、车辆、养殖场等的消毒工作及记录。

本病属于一类传染病，任何单位或个人发现疑似疫情时，应立即向当地兽医主管部门报告，并按照《小反刍兽疫防治技术规范》的要求进行处置。

第六节　伪狂犬病

羊伪狂犬病是由伪狂犬病毒引起的急性传染病，患病羊以发热、瘙痒及脑脊髓炎为特征。主要侵害中枢神经系统，具有明显的神经症状。

一、病原

本病的病原是伪狂犬病病毒，属于疱疹病毒科、水痘病毒属。病毒在发病初期存在于血液、乳汁、尿液以及脏器中。在疾病后期，则主要存在于中枢神经系统。本病毒对外界环境抵抗力较强，如在污染的畜舍内或垫草上能存活 1 个月以上，在病畜肉中可存活 5 周以上，低温条件下能长期保存活力。对日光敏感，如温度 55～56℃ 经 50min 左右或 80℃ 3min 可将病毒杀灭。常用消毒剂如 2% 氢氧化钠溶液、2% 甲醛溶液、0.5% 石灰乳等可很快使病毒灭活。

二、流行病学

本病多发生于冬、春两季，常呈散在发生或地方流行。病羊、带毒羊以及带毒鼠类为本病主要传染源，绝大多数哺乳动物都易感。羊通过与被污染的饲料、牧草、用具、饮水接触而感染。本病传播途径较多，除直接接触感染外，还可通过呼吸道、消化道、鼻黏膜或皮肤损伤感染，也可经交配感染。

三、临床症状

该病的潜伏期一般为 3～7 天，病程一般为 1～3 天。病羊体温升高，精神不振，呼吸加快，在眼睑、唇部产生剧痒，常用前肢在地上剧烈摩擦，以致奇痒部位出现水肿、脱毛甚至出血；病羊目光呆滞，表现出间歇性的烦躁不安、转圈鸣叫、运动失调等神经症状（彩图 9），并伴有磨齿、出汗等症状，直至全身衰弱而亡。

四、病理变化

病死羊局部被毛脱落，皮肤水肿、充血、擦伤甚至撕裂，无明显肉眼可见变化，脑膜和脑实质血管扩张、充血、出血和水肿（彩图 10）。

五、诊断

根据流行病学调查、临床症状及病理变化可做出初步诊断。确诊需要进行实验室诊断，检测方法通常包括酶联免疫及吸附试验、聚合酶链式反应试验、乳胶凝集试验等。

六、防控

羊场最好采取自繁自养，饲喂品质优良的饲料，确保羊群体质增强。禁止从疫区引进种羊，且引进的羊只必须经过隔离饲养和严格检疫，确保健康无病后才能够混群饲养。另外，对羊舍加强消灭鼠类的工作，防止羊只接触其他哺乳动物。

发现病羊后要立即进行隔离，且对病死羊采取无害化处理，同时对病羊污染的活动场所、圈舍以及饲养工具等进行彻底消毒，通常选择使用 10％石灰乳或者 2％的氢氧化钠溶液作为消毒药物。

第七节　炭　　疽

炭疽是由炭疽杆菌引起的一种人兽共患的急性、热性、败血性传染病，该病病理变化特点是脾脏肿大，血液凝固不良，呈煤焦油样，山羊和绵羊都易感，其中绵羊最易感。

一、病原

炭疽杆菌为革兰氏阳性杆菌，两端平直，呈链状排列，镜下形态呈竹节状，有荚膜，无鞭毛（彩图 11）。炭疽杆菌在病畜体内和未剖检的动物尸体内不形成芽孢，在体外环境下，有充足的氧气和适当温度可快速形成芽孢。该菌的芽孢耐力强不易破坏，在土壤和动物产品中可存活数十年，现场消毒常用过氧乙酸、20％的漂白粉。来苏儿和酒精对本菌的杀灭效果较差。

二、流行病学

各种家畜，野生动物对本病都有不同程度易感性。其中草食兽最易感，包括羊、牛（水牛）、驴、马、骆驼、鹿和象等，人也易感。本病的主要传染源是病畜。病羊体内以及排泄物、分泌物中含有大量的炭疽杆菌，不少地区暴发多是因洪水泛滥或者从疫区输入病畜产品，如骨粉、皮革、羊毛等而引起。本病主要经消化道感染，常因采食污染的饲料、饲草和饮水而感染。其次是通过皮肤感染，主要由吸血昆虫叮咬而致，此外也可通过呼吸道感染。

三、临床症状

羊多表现为最急性型或急性型。最急性型常表现为突然倒地，全身抽搐、颤抖，磨牙，呼吸困难，常于数分钟内死亡。急性型病羊体温升高到 40～42℃，黏膜呈蓝紫色，从眼、鼻、口腔及肛门等天然孔内流出带气泡的暗红色或黑色血液，血凝不全，尸僵不全（彩图 12 和彩图 13）。

四、病理变化

对疑似病死羊禁止解剖，应先进行末梢采血，涂片镜检进行确诊。病理变化表现为全身多发性出血，皮下、肌间、浆膜下胶冻样水肿。脾脏肿胀，常肿大 2～5 倍，脾髓软化如糊状，切面呈砖红色出血。肾脏肿大、出血。

五、诊断

根据流行病学调查、临床症状及病理变化可做出初步诊断。确诊需要结合实验室诊断，耳尖采血涂片镜检瑞氏染液染色（彩图 14），若见有大量有夹膜、菌端平直的粗大杆菌，并结合临床表现，可诊断为炭疽。最急性和急性炭疽的临床症状与巴氏杆菌病相似，应注意与巴氏杆菌病进行鉴别。

六、防控

在疫区，每年安排注射Ⅱ号炭疽芽孢苗，每只羊注射 0.2mL 进行预防，对于临床怀疑炭疽的病例，严禁解剖，应对病羊进行无害化处理，对污染场地、用具严格消毒，确诊为炭疽后，应严格按照《炭疽防治技术规范》的要求进行处置。

第八节　布鲁氏菌病

羊布鲁氏菌病是羊的一种慢性传染病。主要侵害羊生殖系统。羊感染后，以母羊发生流产和公羊发生睾丸炎为特征。布鲁氏菌病也是一种人畜共患的慢性传染病，其特点是引起患羊的生殖器官和胎盘发炎，引起流产、不育和各种组织的局部病症。

一、病原

病原为布鲁氏菌，属革兰氏阴性杆菌，它存在于病畜的生殖器官、内脏和血液。该菌对外界的抵抗力很强，在水和土壤中可以存活 72～114 天，在粪尿中可以存活 45 天。日光下曝晒 10～20min 可被杀灭，5％的生石灰水 2h 可杀死病菌，2％的甲醛溶液 3h 可以杀死本菌。

二、流行病学

本病易感动物范围很广，目前已知多种家畜和野生动物是布鲁氏菌的宿主，主要是羊、牛和猪，其中山羊最易感染，而且母羊比公羊易感，成年羊比幼羊易感。本病的传染源是患病羊，最危险的传染源是感染的孕羊，流产或者分娩时会有大量的布鲁氏菌排出，本病的传播途径是消化道，但皮肤感染有一定的重要性。尤其是如果皮肤有创伤的情况下人也极易感染。

三、临床症状

羊布鲁氏菌病潜伏期为 14～150 天。常不表现临诊症状，怀孕母羊多发生流产，开始仅有数只羊出现症状，以后逐渐增多。流产一般发生在妊娠后 3～4 个月，流产前食欲减退，阴唇肿胀潮红，并且流出血样分泌物或黄色黏液，流产胎儿多已死亡，流产后阴道持续排出脓性或黏液性分泌物，随后易引起母羊卵巢炎、子宫内膜炎，发情后屡配不孕等疾病。个别羊只还发生关节炎和滑液囊炎，引发跛行。最终卧地不起。公羊感染后，发生睾丸炎，触之有发热感，有疼痛感。

四、病理变化

剖检可见流产胎儿的胎膜和胎衣呈黄色胶冻样浸润，有些部位覆盖有纤维素絮状脓液，胎衣水肿，子叶坏死，流产胎儿主要呈败血症病变，其胃肠、膀胱的浆膜上有出血点或出血斑，胸腹膜有纤维素块并有渗出液。公羊生殖器精囊内有出血点和坏死灶。

五、诊断

根据流行病学、临床症状和胎儿胎衣的病理变化可以做出初步诊断，确诊需要结合实验室诊断。主要检测方法是血清学诊断，常用虎红平板凝集试验和试管凝集试验。布鲁氏菌病的明显临床症状是流产，应与发生同样临床症状的疾病加以鉴别，如沙门氏菌病、李氏杆菌病。

六、防控

在未感染的羊群中，控制本病传入的最好方法是自繁自养，必须引种时，要严格执行检疫，隔离饲养 30 天，同时进行布鲁氏菌病检查，全群经两次检疫阴性者才可以混群。疫区的羊群应进行疫苗免疫，疫苗可以选择布鲁氏菌病疫苗 S2 株、M5 株、S19 株以及经农业部批准生产的其他疫苗。羊群中如果有发现流产的母羊应当及时隔离，并消毒环境，对流产的胎儿胎衣作无害化处理，对污染的环境、用具及运输工具均进行消毒。本病一般无治疗意义。

第九节　败血型链球菌病

羊败血型链球菌病是由链球菌引起的羊的一种急性、热性、败血性疾病，本病以全身性出血性败血症及浆液性肺炎与纤维素性胸膜肺炎为主要病变。

一、病原

本菌呈圆形或卵圆形，为革兰氏阳性球菌，有 4～6 个短链，偶见个别单球菌。周围有荚膜，多数无鞭毛，链球菌对热和普通消毒药抵抗力不强，常用的消毒剂有 2％石炭酸、0.5％漂白粉、1％来苏儿等。

二、流行病学

羊链球菌病是一种危害严重的羊病，最易侵害的动物是绵羊，山羊也很容易感染，病羊和病死羊是主要传染源，带菌羊也是传染源，本病主要通过消化道和呼吸道传播。

三、临床症状

病羊精神不振，食欲减少或不食，反刍停止，眼结膜充血，流泪，后期流脓性分泌物，鼻腔流浆液性鼻液，后变为脓性，口流涎，体温升高至41℃以上，咽喉、舌肿胀，粪便松软，带黏液或血液，怀孕母羊流产，急性病例呼吸困难，24h内死亡。通常情况下2～3天后死亡，亚急性病程可达1～2周。

四、病理变化

该病主要病理变化是各个脏器的广泛性出血，舌后部、咽喉部黏膜高度水肿，淋巴结肿大，心外膜出血、心包液增量，肝脏肿大呈土黄色，表面有出血点，胆囊肿大2～4倍，内充满黑绿色胆汁，肾脏质脆、变软，肠管黏膜脱落，肠系膜肿大、出血。

五、诊断

根据流行病学、临床症状和病理变化可以做出初步诊断，确诊需要结合实验室诊断。主要检测方法是涂片镜检和细菌培养，显微镜下菌体呈链状或单个存在，周围有荚膜，革兰氏染色呈阳性，病料无菌接种在血液琼脂平板上培养24h，可见有露滴状细小、灰白色、有光泽、透明湿润、黏稠的菌落，菌落周围有明显的β-型溶血环。本病应注意与炭疽、羊快疫及羊肠毒血症等相鉴别。

六、防控

对于健康羊群应加强饲养管理，尤其是做好防风防冻工作，做好羊圈及场地、用具的日常消毒工作。在入冬前，选用链球菌氢氧化铝甲醛菌苗进行预防注射，羊只不论大小，一律皮下注射2～

3mL，免疫期可以维持半年以上。对病羊和可疑羊要分别隔离治疗，场地、器具等严格消毒，羊粪及污物等堆积发酵，病死羊进行无害化处理，对假定健康羊，可选用青霉素或磺胺类药物进行治疗。

第十节　羔羊大肠杆菌病

羔羊大肠杆菌病是由特定血清型大肠杆菌引起的一种幼羔急性、致死性传染病，临床特征是强烈腹泻。

一、病原

大肠杆菌为两端钝圆的革兰氏阴性中等大小杆菌，有鞭毛，能运动，周身有菌毛，无芽孢，大肠杆菌对热的抵抗力较强，对消毒剂的抵抗力不强，一般消毒剂能迅速将其杀死，如 3％来苏儿，5％漂白粉等。

二、流行病学

幼龄羊对本病易感，多发生于出生数日至 6 周龄的羔羊，患病羊和带菌羊都是传染源，通过粪便排出病菌，羊群主要通过消化道感染，也可通过呼吸道感染，此外人也会通过污染的器具或者食品被感染。

三、临床症状

潜伏期 1～2 天，分为败血型和下痢型。败血型多发于 2～6 周龄的羔羊。病羊体温升高达 41～42℃，精神沉郁，迅速虚脱，有的有神经症状，运步失调，磨牙，视力障碍，有的出现关节炎，多于病后 4～12h 死亡。下痢型多发于 2～8 日龄的新生羔。病初体温略高，出现腹泻后体温下降，粪便呈半液体状，带气泡，有时混有血液，羔羊表现腹痛，虚弱，严重脱水，不能起立，如不及时治疗，可于 24～36h 死亡。

四、病理变化

败血型：胸、腹腔和心包大量积液，内有纤维素，关节肿大，内含混浊液体或脓性絮片，脑膜充血，有很多小出血点。下痢型：真胃、小肠、大肠内容物为黄灰色半液体状，黏膜充血，肠系膜淋巴结肿胀发红。

五、诊断

根据流行病学、临床症状和病理变化可以做出初步诊断，确诊需要结合实验室诊断。主要检测方法是涂片镜检和细菌培养。镜检可见两端钝圆的革兰氏阴性无芽孢直杆菌，菌体较大。无菌采取肝脏病料，接种伊红—美蓝培养基上，培养 18～24h，产生紫黑色带金属光泽的菌落。本病应注意与羊梭菌性疾病相区别。

六、防控

加强孕羊饲养管理，做好母羊的抓膘、保膘工作，保证新产羔羊健壮、抗病力强。对病羔羊要立即隔离，及早治疗。对污染的环境、用具要消毒。本病发生时不可盲目用药，防止产生耐药性，可根据药敏试验使用抗菌药物，同时配合必要的护理和其他对症疗法。

第十一节　梭菌性疾病

羊梭菌性疾病是由梭状芽孢杆菌属中的细菌所引起的一类急

性传染病，包括羊快疫、羊黑疫、羊肠毒血症和羊猝狙，它们在临床症状上有相似之处，并都能造成急性死亡，对羊群危害很大。

一、病原

1. 羊快疫病原为腐败梭菌，属于革兰氏阳性厌氧杆菌，不形成荚膜，能产生多种毒素。

2. 羊黑疫病原为诺维氏梭菌，大的革兰氏阳性厌氧杆菌，严格厌氧，能形成芽孢，有鞭毛，不产生荚膜，能运动。分 A，B，C 三型，A 型、B 型产外毒素，C 型不产生外毒素。

3. 羊肠毒血症的病原为 D 型魏氏梭菌，为革兰氏阳性厌氧的粗大杆菌，无鞭毛，不能运动，能产生毒素。

4. 羊猝狙的病原为产气荚膜梭菌，旧称魏氏梭菌，革兰氏染色呈阳性，能产生强烈的外毒素。

所有梭菌的繁殖体一般用消毒剂即可杀死，但是芽孢需要在 3% 的甲醛溶液中经 30min 才可杀死，芽孢在土壤中可存活 4 年。

二、流行病学

1. 羊快疫　本病绵羊最易感染。发病的羊营养较好，6~18 个月的羊易感，被污染的水、饲料等均为传染源，一般经消化道感染。经伤口感染会引起恶性水肿。

2. 羊黑疫　本病绵羊易感，2~4 岁多发，山羊也可感染，病羊多为肥胖羊，本菌广泛存在于土壤中，采食被污染的水、饲料等引起羊发病。本病主要通过消化道传播，另外本病的发生经常与肝片吸虫的感染密切相关。

3. 羊肠毒血症　山羊和绵羊均可感染此病，绵羊发病较多，山羊较少。2~12 月龄的羊最易发病。发病的羊多为膘情较好的。在农区常常在收菜季节发病，羊只食入多量菜叶、菜根或谷类引发本病。本菌广泛存在于土壤中，采食被污染的水和饲料，也会引起发病，本病主要通过消化道传播。

4. 羊猝狙 本病发生于成年绵羊，以 1～2 岁绵羊发病较多。多发生于冬、春季节。常呈地方流行性，本菌广泛存在于土壤中，采食污染的水和饲料，引起发病，本病主要通过消化道传播。

三、临床症状

1. 羊快疫 突然发病，病羊往往来不及出现临床症状，就突然死亡。有的病羊离群独处，卧地，不愿走动，强迫行走时，表现虚弱和运动失调，腹部膨胀，有腹痛症状。病羊最后极度衰竭、昏迷而死，死亡率达 100%。

2. 羊黑疫 突然死亡，停止采食、呼吸困难，体温升高，昏迷状态下无痛苦死亡。

3. 羊肠毒血症 本病的特点为突然发作，很少能见到症状。病状可分为两种类型：一类以抽搐为特征，另一类以昏迷和安静地死去为特征。前者在倒毙前，四肢出现强烈的划动，肌肉抽搐，眼球转动，磨牙，口水过多，随后头颈呈显著抽缩，往往死于 2～4h 内。后者病程不太急，其早期症状为步态不稳，以后卧倒，流涎，上下颌"咯咯"作响，继以昏迷，角膜反射消失，有的病羊发生腹泻，通常在 3～4h 内静静地死去。抽搐型和昏迷型在症状上的差别是由于吸收的毒素多少不一的结果。

4. 羊猝狙 病程短促，常未及见到症状即突然死亡。有时发现病羊掉群、卧地，表现不安、衰弱，痉挛，眼球突出，多在数小时内死亡。

四、病理变化

1. 羊快疫 病羊主要表现为心内膜下和心外膜下有大量点状出血，真胃有出血性炎症，真胃黏膜常有大小不等的出血斑块（彩

图 15），其表面发生坏死，出血。坏死区低于周围的正常黏膜，黏膜下组织水肿，胸腔、腹腔、心包有大量积液，积液暴露于空气中易凝固。肠道和肺脏的浆膜下也可见到出血（彩图 16）。

2. 羊黑疫　病羊尸体皮下静脉充血显著，皮肤呈暗黑色外观（由此称为黑疫），肝脏充血肿胀，表面有凝固性坏死灶，界限清晰，呈灰黄色，不完整圆形，周围常有鲜红色的充血带围绕，坏死灶直径可达 2～3cm，切面成半圆形，具有诊断意义。

3. 羊场毒血症　病变常限于消化道、呼吸道和心血管系统。真胃内含有未消化的饲料。回肠呈急性出血性炎性变化（彩图17），心包扩大，内含灰黄色液体和纤维素絮块，左心室的心内外膜下有多数小点出血。肺脏出血和水肿。胸腺常发生出血。肾脏软化，似脑髓状（彩图 18）。

4. 羊猝狙　病变主要见于消化道和循环系统。十二指肠和空肠黏膜严重充血、糜烂，有的区段可见大小不等的溃疡。胸腔、腹腔和心包内有大量积液，可形成纤维素块，浆膜上有出血，肌肉出血并有气性裂孔。

五、诊断

根据流行病学、临床症状和病理变化可以做出初步诊断，确诊需要结合实验室诊断。主要检测方法是涂片镜检，镜检可见革兰氏阳性厌氧杆菌，本病应注意与羊败血性链球菌病在临床上进行鉴别诊断。

六、防控

首先应该加强饲养管理，做好环境卫生和消毒工作，在常发地区，每年定期接种羊快疫—羊肠毒血症—羊猝狙三联苗或羊快疫—羊肠毒血症—羊猝狙—羔羊痢疾—羊黑疫五联苗，羊无论大小，一律皮下注射 5ml，注射两周后产生免疫力，保护期可达半年。另外对怀孕母羊在产前进行两次免疫，母羊获得的免疫抗体，可经由初乳传给羔羊。当羊群发生此病时，由于病程很短，常常来不及治疗就死亡，所以临床无治疗意义。此外羊黑疫的传播和肝片吸虫有很大关系，所以应控制肝片吸虫的感染。

第十二节　巴氏杆菌病

羊巴氏杆菌病主要是由多杀性巴氏杆引起的羊的一种传染病，本病多发生于羔羊，绵羊主要表现为败血症和肺炎，本病分布广泛。

一、病原

巴氏杆菌是两端钝圆、中央微凸的短杆菌，不形成芽孢，无运动性，革兰氏阴性，用瑞氏、姬姆萨或美兰染色镜检，菌体呈卵圆形两极着色，本菌对物理和化学因素抵抗力较弱，普通消毒剂有很好的杀灭作用。

二、流行病学

各种年龄段的羊都易感，本菌存在于病畜全身各种组织、体液、分泌物及排泄物中，有少数慢性病例仅存于肺脏的小病灶里。羊可通过病畜排泄物、分泌物及污染的饲料、饮水感染本病，也可通过病羊咳嗽、喷嚏排出的病菌，由飞沫经呼吸道感染本病，吸血昆虫作为媒介也传播本病。

三、临床症状

最急性型多见哺乳羔羊，突然发病，出现寒战，虚弱，呼吸困难等症状，于数分钟至数小时内死亡。急性型可见精神沉郁，体温升高到 41～42℃，咳嗽，鼻孔常有出血，有时混于黏性分泌物中，初期便秘，后期腹泻，粪便有时全部为血水，病羊于严重腹泻后虚脱死亡。

四、病理变化

最急性型剖检无特征病变，剖检可见全身淋巴结肿胀，浆膜有出血点。急性型剖检可见；颈部、胸部皮下胶样水肿和有出血点；全身淋巴结水肿、出血；心肌可呈灰白、灰黄色，肺水肿、出血；肝脏有坏死灶，多发性暗红色病灶；皱胃和盲肠水肿、出血和溃疡。

五、诊断

根据流行病学、临床症状和病理变化可以做出初步诊断，确诊需要结合实验室诊断。主要检测方法是涂片镜检和细菌培养，显微镜下可见两极浓染的革兰氏阴性小杆菌。病料无菌接种在血清琼脂平板上形成灰白色、露滴样小菌落，于血液琼脂上不溶血，形成平坦水滴样菌落。本病急性型应注意与羊炭疽区别。

六、防控

加强饲养管理，消除舍内和羊活动场积粪，加强舍内通风换气。对病畜活动的圈舍、场地、接触过的用具、粪尿排泄物等用20％漂白粉彻底消毒，病死羊应进行消毒、焚烧作无害化处理。对病羊及时隔离。治疗可选用庆大霉素，四环素，磺胺类，都有较好的效果，庆大霉素按照每千克体重 1 000～1 500IU，四环素每千克体重 5～10mg，20％磺胺嘧啶钠 5～10mL，均肌内注射，每天 2次，连用 3～5 天。

第十三节 沙门氏菌病

羊沙门氏菌病是由鼠伤寒沙门氏菌、羊流产沙门氏菌、都柏林沙门氏菌引起羊的一种传染病。以羊发生下痢，孕羊流产为特征。

一、病原

羊沙门氏菌，无芽孢，一般有鞭毛，无荚膜，多数有菌毛，革兰氏染色呈阴性。沙门氏菌对外界抵抗力较强，在土壤中可以存活几个月，但不耐热，一般消毒药能迅速杀死病菌。

二、流行病学

沙门氏菌病不同年龄段的羊都易感，病羊和带菌羊都是本病的主要传染源，传播方式为水平传播和垂直传播，传播途径以消化道为主，此外病羊和健康羊交配也可以传染。

三、临床症状

病羊食欲减退或废绝，精神萎靡，体温升高至 40℃ 以上，呈急性经过，常常突然死亡。病死率高达 25％，病初排黄绿色粥样粪便，继则呈水样便，有的粪便中混有肠黏膜，并伴有腹痛尖叫、抽搐、痉挛，有的突然瘫痪或卧地不起，甚至突然死亡。腹泻严重的常常虚脱衰竭死亡，耐过的也很难恢复，变成僵羊。

四、病理变化

病死羊心包膜有小出血点，脾脏充血、呈黑紫色，肝脏表面有黄色坏死灶，肾脏皮质部有出血点，肠道和真胃充血，结肠膨大，肠黏膜肿胀，肠道内容物呈液体状。流产母羊可见其子宫充血肿胀，有的胎盘滞留在子宫内，产出的死羔出现全身败血症病变。

五、诊断

根据流行病学、临床症状和病理变化可以做出初步诊断，确诊需要结合实验室诊断。主要检测方法是涂片镜检和细菌培养，显微镜下可见革兰氏染色呈阴性杆菌，无芽孢，一般有鞭毛。病料无菌接种在普通琼脂平板培养基，形成中等大小、半透明的菌落。在肠道杆菌选择性培养基上形成无色菌落。

六、防控

加强饲养管理，认真执行卫生防疫措施，注意环境卫生消毒，地面可铺撒石灰，对地面、墙面喷雾，然后密闭用福尔马林或过氧乙酸熏蒸消毒，消毒药物可选择3～4种轮流替换使用。发现病羊，及时隔离，治疗本病可根据药敏试验使用抗菌药物，同时配合护理和其他对症疗法。

第十四节　李氏杆菌病

由李氏杆菌引起的羊散发性传染病。以患羊脑膜炎、败血症和孕畜流产为特征。

一、病原

病原是单核细胞李氏杆菌。革兰氏染色呈阳性，涂片中可见菌体单个散在，或者两个菌体平行排列，或呈 V 字形排列。本菌在青贮饲料、干草、干粪中能长期存活，对食盐和热耐受性强，常规巴氏消毒法不能杀灭它，一般消毒剂都能将其灭活。

二、流行病学

自然发病多见于绵羊，山羊次之，本病多为散发，一般只有少数羊发病，患病羊和带菌羊是本病的传染源，自然感染可以通过消化道，呼吸道以及皮肤损伤，饲料和水可能是主要的传染媒介。

三、临床症状

患羊病初体温升高至 40～41℃，精神高度沉郁，食欲大减，低头垂耳，呆立，不愿走动。走路摇摆，伸颈低头，无目的性到处乱跑，即使碰到障碍物也不知躲避，甚至头顶墙壁不动。严重时，兴奋与沉郁交替出现，头歪向一侧（彩图 19），走动时向一侧转圈，眼结膜肿胀，大量流泪。妊娠母畜常发生流产。

四、病理变化

剖检可见淋巴结病变，表现为淋巴结肿大、湿润及水肿症状。病理切片可见肺充血或点状出血，心、肝、肾变性出血，肝、脾及深层肌肉有化脓性病灶，而且伴有心内膜炎，组织切片检查可见单核细胞大量浸润的脑膜炎变化。

五、诊断

根据流行病学、临床症状和病理变化可以做出初步诊断，确诊需要结合实验室诊断。主要检测方法是涂片镜检，镜检可见革兰氏染色呈阳性小杆菌，菌体两端钝圆、无芽孢或荚膜。本病出现神经症状，应当注意与脑包虫、伪狂犬等加以鉴别。

六、防控

平时需做好驱除鼠类、体外寄生虫的工作，不要从病区引进羊群，发病时应当隔离、消毒，治疗采用磺胺类药物和广谱抗生素药物交替使用，当病羊出现神经症状时，可肌内注射盐酸氯丙嗪进行治疗，有很好的效果。

第十五节　支原体肺炎

羊支原体肺炎又称羊传染性胸膜肺炎，是由多种支原体所引起的一种高度接触性传染病，其临床特征为高热、咳嗽，胸膜发生浆液性和纤维素性炎症，呈急性或慢性经过，病死率高。

一、病原

本病的病原为丝状支原体山羊亚种、绵羊肺炎支原体，这一类支原体均为细小、多型性的微生物，对理化因素抵抗力不强，该菌对大环内酯类药物敏感，常用的消毒剂有2%石炭酸、来苏儿。

二、流行病学

丝状支原体山羊亚种能自然感染山羊、绵羊，但绵羊不发病，其中3岁以下的山羊最容易感染，而绵羊肺炎支原体既可使绵羊发病又可感染山羊发病。病羊为主要传染源，其病肺组织和胸腔渗出液中有大量病原体，主要经过鼻腔、口腔分泌物、消化道粪便排毒（菌），本病主要通过空气飞沫经呼吸道传播。

三、临床症状

病初体温升高，湿咳，鼻孔流出黏液，经4～5天后出现干咳，鼻液转为脓性或铁锈色，黏附于鼻端和上唇，结成干涸的棕色结痂。触诊按压胸壁表现疼痛感。叩诊胸部有实音和拍水音，听诊呈支气管呼吸音和摩擦音。后期病羊呼吸困难，窒息死亡。

四、病理变化

特征性变化是纤维素性胸膜肺炎变化。病变多局限于胸部，胸膜厚而粗糙，有黄白色纤维素层附着，心包与胸膜粘连，肺与胸膜粘连，急性病例有纤维素性肺炎，渗出物布满肺表面、肺间质增宽，支气管扩张，血管内有血栓形成，肺门、支气管淋巴肿大切面多汁、并有出血，肺部肝变区凸出于肺表面，有大小不等的坏死灶。

五、诊断

根据流行病学、临床症状和病理变化可以做出初步诊断，确诊需要结合实验室诊断。主要检测方法是血清学检测，多检测慢性病例或者对羊群的抗体进行监测。本病在临床症状和病理变化上与羊巴氏杆菌病相似，应注意鉴别。

六、防控

加强环境卫生管理，建立定期消毒制度。及时对垃圾、粪便进行清扫，可用火碱对羊舍及周围环境进行定期消毒。另外还应防止引入病羊和带菌羊，新引进的羊必须隔离检疫 1 个月以上，确认健康后才可以混群，另外根据本病流行情况适当安排免疫工作，可采用羊支原体肺炎二联苗免疫，皮下注射 3mL/只、免疫期 10 个月，或用山羊传染性胸膜肺炎氢氧化铝菌苗，皮下或肌内注射，6 个月龄以下注射 3mL/只，6 个月龄以上注射 5mL/只，免疫期 1 年。

第五章

寄 生 虫 病

第一节　肝片吸虫病

羊肝片吸虫病是由肝片吸虫寄生在羊肝脏胆管内引起的寄生虫病。一般可引起慢性或急性肝炎、胆管炎，同时伴发全身中毒现象及营养障碍等病症。本病可危害羊、牛等反刍动物及猪、马属动物，人也可感染。我国将肝片吸虫病列为三类动物疫病。

一、病原

肝片吸虫成虫为雌雄同体，呈扁叶状，活体为棕红色，固定后为白色。虫体长为（21～41）mm×（9～14）mm（彩图 20 和彩图 21）。后部较钝圆。虫体前端有明显突出的头锥，体表密布细小棘刺。口吸盘在虫体的前端，在头锥之后腹面具腹吸盘，生殖孔在腹吸盘的前面。睾丸 2 个，前后排列，高度分支，位于虫体中后部。卵巢 1 个，呈鹿角状，位于腹吸盘右侧。虫卵呈长椭圆形，大小为（130～150）mm×（63～90）mm，黄褐色，一段有盖。卵内充满卵黄细胞和一个胚细胞。

二、生活史

牛、羊、骆驼等反刍动物和猪、兔均可感染，人也是其宿主之一。寄生于终末宿主的肝胆管内，中间宿主为椎实螺，在我国主要为小土蜗。成虫可在动物的胆管内排出大量虫卵，卵随胆汁进入消化道，随粪便排到外界环境。在适宜温度（15～30℃）和足够的氧气、水分及光线的条件下，经 10～25 天孵出毛蚴。毛蚴如落入水中，即钻入中间宿主螺蛳体内，在螺体内进行大量的无性繁殖，于 5～6 月份成熟，然后大量逸出，在水草或水面上发育为感染性囊蚴（其发育史为虫卵→毛蚴→钻入椎实螺体内→胞蚴→雷蚴→尾蚴→从螺体逸出→囊蚴）。附着囊蚴的水草被羊吞食，囊蚴进入羊的消化道，在十二指肠内童虫脱囊而出，穿过肠壁，进入腹腔，而后经肝包膜进入肝脏或经总胆管进入肝脏，在肝实质中的童虫经移行钻入胆管，发育为成虫。

三、流行病学

（1）肝片吸虫主要在泥沟、田园、山丘间低温有椎实螺生存的地带广泛流行。

（2）各日龄羊均可发生，其中 6 月龄以上多发。

（3）经口感染是本病的唯一感染途径。

（4）季节性较强，多见于春末、夏秋，这与中间宿主淡水螺在春夏季节大量繁殖有关。本病在久旱逢雨的温暖季节与多雨年份，常促成暴发。

四、临床症状

轻度感染往往不表现症状，一般羊（约 50 条成虫）则表现症状，但幼畜轻度感染即可表现症状。临床表现分为急性型、慢性型。

（一）急性型（童虫移行期）

比较少见。在短期内吞食大量（2 000 个以上）囊蚴后 2～6 周发病。多发于夏末、秋季及初冬，病势迅猛。病畜体温升高，被毛粗乱，食欲下降，腹胀，有时腹泻，精神沉郁，黄疸，贫血迅速，红细胞、血红素显著下降，肝区压痛明显，重者在几天内死亡。幼畜敏感，有时突然倒毙。

（二）慢性型（成虫胆管寄生期）

此类型较多见。吞噬中等量（200～500个）囊蚴后4～5个月发病。多发于冬末初春。病畜食欲不振，逐渐消瘦，被毛粗乱，精神沉郁，反刍异常，贫血，便秘与下痢交替发生，粪便呈黑褐色，眼睑、颌下和胸腹下部水肿，腹水，触诊有波动感或捏面团样感觉，无痛感。

五、病理变化

肝片吸虫病的病理变化主要表现在肝脏，其变化程度与感染数量及病程长短有关。

（一）急性病例

原发性大量感染、急性经过的病例，剖检可见到急性肝炎，肝肿大、出血等病灶；腹腔内有血色的液体和有腹膜炎病变。皮下脂肪缺乏、尸体消瘦、内脏颜色苍白、血液稀薄、凝固不良，心脏、网膜、肾及肠系膜等处的脂肪呈胶冻样、灰白色，心包、胸腔及腹腔积液、呈橙黄色。

（二）慢性病例（慢性增生性肝炎）

被破坏的肝组织形成瘢痕性的淡灰白色条索，肝表面有白色条索状隆起及胆管增粗现象（彩图22）。肝实质萎缩、褪色、变硬、边缘钝圆。胆囊肿大，胆管肥厚，扩张成绳索样突出于肝表面（彩图23）。胆管内壁粗糙而坚实，挤压胆管流出大量混杂血性黏液的胆汁和大量虫体（彩图24）。

六、诊断

粪便检出肝片吸虫虫卵即可诊断。对急性病例，因虫体未发育成熟，粪便检查无虫卵时，必须结合病理剖检，在肝脏和胆管中查找是否有虫体存在。还可以通过有关免疫学、血清学试验做出诊断。

七、防治

(一) 预防

(1) 尽量不用在洼地、水池旁及潮湿地的牧草，如必须使用应晾晒后存放 2～3 个月再利用。

(2) 计划地进行全群性驱虫。自繁自养羔羊 3 月龄，外购羊隔离观察期内，后备种羊在配种前、经产母羊空怀期、种公羊每 6 个月时，各开展 1 次预防性驱虫，必要时进行连续数次治疗性驱虫。育肥羊一般春、秋两季各驱虫 1 次。在本病污染区的羊群，每年应进行 3 次。

(3) 粪便堆积发酵。将积于舍内的粪便清除后堆成 1～1.5m³ 的粪堆，粪堆上盖上草或封以泥土，经 1～2 个月后使用。对驱虫后排出的粪便和虫体应严格处理。

(4) 消灭中间宿主椎实螺。沼泽地和低洼的场地经过阳光曝晒可杀死螺。对于较小而不能排水的死水地，可用 5％的硫酸铜溶液或 2.5mg/kg 的氯硝柳胺 (血防 67) 对椎实螺进行浸杀或喷杀。有条件的应结合农田水利基本建设、草地改良疏通填平无用的河沟；无条件的可用烧荒、洒药灭螺。

(二) 治疗

1. 硝氯酚 (拜耳-9015)　对成虫驱虫率几乎达 100％。按每千克体重 4～5mg，口服。

2. 硫双二氯酚（别丁） 驱成虫有效，但使用后有较强的泻下作用。剂量按每千克体重 80～100mg，口服。体质较差或腹泻严重的患羊，慎用或禁用本药。

3. 丙硫咪唑（抗蠕敏） 为广谱驱虫药，对驱成虫有很好的效果，每千克体重 5～15mg，口服。

4. 三氯苯达唑（肝蛭净） 对成虫、幼虫和童虫均有高效作用，每千克体重 5～10mg，口服。患羊用药后 14 日后肉才能食用，羊乳 10 日后才能饮用。

5. 五氯柳胺（氯羟杨苯胺） 驱成虫有高效，剂量按每千克体重 15mg，口服。

6. 碘醚柳胺 对成虫和 8～10 周的未成熟童虫都有效，剂量按每千克体重 7.5mg，口服。

7. 双酰胺氧醚 对 1～6 周龄肝片吸虫童虫有高效，随着虫龄的增长药效也随之降低。用于治疗急性期的病例，剂量按每千克体重 100mg，口服。本品安全范围较广，但过量可引起动物视觉障碍和羊毛脱落现象。作为预防药应用时，最好间隔 8 周再重复应用 1 次。

8. 溴酚磷（蛭得净） 对成虫和童虫均有效，可用于治疗急性病例。按每千克体重 16mg，口服。

第二节　棘球蚴病

棘球蚴病也叫囊虫病或包虫病，俗称肝包虫病。是由多种棘球绦虫中绦期时寄生于中间宿主（羊、牛、猪、马、骆驼和人）的肝脏、肺脏及其他器官内引起的一种严重的人畜共患病。成虫寄生在犬、狼、狐狸小肠内。由于蚴体生长力强，体积大，不仅压迫周围组织使之萎缩和功能障碍，还易造成继发感染，如果蚴体包囊破裂，可引起过敏反应。该病分布较广，往往给人畜造成严重的病症，甚至死亡。

一、病原

病原为带科棘球属的棘球绦虫的幼虫细粒棘球蚴,长 2～7mm,由 1 个头节和 3～4 个节片组成。孕卵节片的子宫有 12～15 个侧支育囊,其内充满 400～800 个虫卵。虫卵大小(32～36)μm×(25～30)μm,外被 1 层辐射线条状的胚膜,内含六钩蚴。细粒棘球蚴是一个含液体的包囊状,其形状因寄生部位的不同,有不少变化。一般呈球形,直径 5～10cm,小的只有黄豆大。

二、生活史

细粒棘球绦虫寄生于犬、狼、狐狸的小肠,虫卵和孕节随终末宿主的粪便排出体外,中间宿主随污染的草、料和饮水吞食虫卵后而受到感染,虫卵内的六钩蚴在消化道孵出,钻入肠壁,随血流或淋巴散布到体内各处,以肝、肺最常见。经 6～12 个月的生长可成为具有感染性的棘球蚴。犬等终末宿主吞食了含有棘球蚴的脏器即可感染,经 40～50 天发育为细粒棘球绦虫。成虫在犬等体内的寿命为 5～6 个月。

三、流行病学

(1)羊棘球蚴病分布广泛,以牧区为多。主要分布于新疆、甘肃、青海等地,其他地区呈零星分布。

(2)绵羊感染率最高,各日龄羊均可发生。

(3)细粒棘球绦虫的卵(六钩蚴)在外界环境中可以长期生存,在 0℃时能生存 116 天之久;高温 50℃时 1h 死亡。对化学物质也有相当抵抗力,直射日光易使其死亡。

四、临床症状

绵羊对棘球蚴敏感，轻度感染和感染初期通常无明显症状。严重感染时，被毛逆立，时常脱毛，消瘦。肝部受侵袭时，表现疼痛，肝体积极度增加时，可观察右侧腹部稍有膨大。肺部感染时有明显的咳嗽，咳后往往卧地，不愿起立。

五、病理变化

主要表现在虫体经常寄生的肝脏和肺脏。肝肺表面凹凸不平，重量增大，表面可见数量不等的棘球蚴囊泡突起；有时在脾、肾、脑、脊椎管、肌肉、皮下亦可发现棘球蚴。囊泡为灰白色或浅黄色，呈球形或椭圆形，其中含有透明的囊液。有时棘球蚴发生钙化和化脓。

六、诊断

生前可采用皮内变态反应检查法进行诊断，严重者可以靠临床症状诊断，或用 X-光和超声检查法进行确诊。或尸体剖检时，在肝脏、肺脏检出带棘球蚴的较硬的囊泡即可确诊。

皮内变态反应法。方法是取新鲜棘球蚴囊液，通过无菌离心沉淀或过滤，得到不含原头蚴的囊液抗原。取抗原 0.1～0.2mL，在颈部剪毛皮内注射。注射后 5～15min，如注射局部出现直径 0.5～2.0cm 的肿胀或水肿红斑即为阳性。这种方法要求用等量的生理盐水在对侧相应部位皮内注射做对照，以资鉴别。

七、防治

(一)预防

(1) 捕杀畜群附近的野犬及其他野生肉食兽，根除感染来源。

（2）对犬进行定期驱虫，对犬每个季度进行 1 次定期驱虫，可用吡喹酮，剂量按每千克体重 5～10mg，口服；或氢溴酸槟榔碱剂量按每千克体重 1～4mg，绝食 12～18h 后，口服。驱虫后的犬粪，要进行深埋或堆积发酵等无害化处理杀灭其中的虫卵。

（3）加强卫生检验工作，禁止用感染棘球蚴的动物肝、肺等组织器官喂犬；病畜的脏器应烧毁或煮熟后方可作饲料。

（4）保持畜舍、饲草、料和饮水卫生，防止犬粪污染。

（5）常与犬接触的人员，注意清洁卫生，防治虫卵污染食物感染。

（二）治疗

目前缺乏有效药物，后期只能用手术摘除，但要谨慎，防止包囊破裂，且治疗价值不大。

第三节　细颈囊尾蚴病

细颈囊尾蚴病是由寄生在犬、狼、狐狸小肠内的泡状带绦虫的幼虫阶段—细颈囊尾蚴寄生在羊、猪、牛等动物肝脏浆膜、大网膜及肠系膜等处引起的寄生虫病。

一、病原

病原为细颈囊尾蚴，俗称"水铃铛"，形似胆囊，多悬垂于腹腔脏器上。虫体的囊壁薄而透明，虫体呈泡囊状，内含透明液体，囊体大小不一，由黄豆大到鸡蛋大。肉眼观察时，可见囊壁上有一个不透明的乳白色结节，为其颈部和内陷的头节，如将头节翻转出来，则见头节与囊体之间具有 1 个细长的颈部，故称细颈囊尾蚴。囊壁外层厚而坚韧，是由宿主动物结缔组织形成的包膜，外观上易与棘球蚴混淆。

成虫泡状带绦虫呈乳白色或稍带黄色，虫体长 75～500cm。子宫内为虫卵所充满，虫卵近似圆形，长 $36\sim39\mu m$，宽 $31\sim35\mu m$，内含六钩蚴。

二、流行病学

（1）该寄生虫在世界上分布很广，凡养犬的地方，一般都会有牲畜感染细颈囊尾蚴。

（2）羊感染细颈囊尾蚴，是由于感染成虫泡状带绦虫的犬、狼、狐等肉食兽粪便中的孕节或虫卵污染了草场、饲料或饮水。农村宰猪或牧区宰羊时，将不宜食用的废弃内脏丢弃在地，任犬吞食，这是犬易于感染泡状带绦虫的重要原因。此外，蝇类也是不容忽视的重要传播媒介。

（3）细颈囊尾蚴对幼龄家畜致病力强，尤以仔猪、羔羊和犊牛为甚。

（4）成虫在犬体内可生活 1 年之久，虫卵抵抗力很强，在外界环境中长期存在，导致本病广泛存在。

三、临床症状

本病主要危害幼龄羊，成年羊常仅为带虫者。临床症状一般不很明显，主要呈慢性经过，表现为虚弱，消瘦和黄疸。当肝脏和腹膜在六钩蚴的作用下发生炎症时，可表现体温升高，精神沉郁，并有腹水，按压腹壁有痛感，不少病例由于腹腔出血，腹部膨大，甚至死亡。

四、病理变化

在肝脏、大网膜、肠系膜、腹膜、横膈肌等处发现数量不一、大小不等"水铃铛"样的乳白色囊泡。虫体寄生于羊浆膜组织表面上时，一般仅小部分附于组织上，大部分囊泡游离而显现出一段细窄的颈部。此外，可见肝脏肿大，质地稍软，被膜粗糙，被覆灰白色纤维素性渗出物，表面有出血点。在肝被膜下和实质里，可见直径 1～2mm 的弯曲索状病灶，初呈暗红色，后期转为黄褐色。

五、诊断

一般靠尸检时发现肝脏的孔道和腹腔浆膜上悬挂着几十甚至上百的囊尾蚴囊泡，并可见局限性腹膜炎。细颈囊尾蚴生前诊断困难，可用血清学诊断，也有用细颈囊尾蚴液制成抗原做皮内试验，此法已经成为进行大面积普查和筛选的主要手段。终末宿主检查以粪便检查虫卵或孕卵节片为主。

六、防治

(一) 预防

（1）加强对中间宿主家畜肉品卫生检验，检出细颈囊尾蚴及其寄生的内脏需进行无害化处理，不得随意丢弃或喂犬。

（2）给犬进行定期检查和驱虫，药物可用吡喹酮（每千克体重 10mg，内服），驱虫后，要对犬粪便做无害化处理。

（3）做好饲料、饮水和圈舍的清洁卫生工作，防止被犬粪污染。

（4）蝇在传播虫卵中起着重要作用，应采取可行方法灭蝇。

(二) 治疗

（1）吡喹酮以每千克体重 50mg 内服。

（2）用液状石蜡配成 10％的溶液，分 2 次间隔 1 天肌内注射。

第四节　脑多头蚴病

脑多头蚴病是带科多头属的多头绦虫中绦期时寄生在绵羊、山羊的脑及脊髓内引起脑炎、脑膜炎及一系列神经症状，甚至死亡的寄生虫病，又称羊脑包虫病、羊疯病、"转圈病"。主要侵害羊，特别是2岁以内的羊，终末宿主是犬、狼等肉食动物。

一、病原

脑多头蚴为乳白色半透明囊泡，囊体由豌豆到鸡蛋大，囊内充满透明的液体，囊壁薄，囊内膜有100～200个原头蚴，原头蚴直径2～3mm，呈白色粟粒大结节状。成虫体长40～80cm，由200～500个节片组成。卵为圆形，直径一般为20～37μm，内含六钩蚴。

二、生活史

寄生在终宿主犬、狼等体内的成虫，其孕节脱落后随宿主粪便排出体外。节片与虫卵散布在羊场上或饲料、饮水中，被中间宿主羊吞食进入胃肠道；六钩蚴逸出，借小钩钻入肠黏膜血管内，而后随血流被带到脑脊髓中，经2～3个月发育为多头蚴。犬、狼、狐狸等肉食兽吞食了含有多头蚴的脑脊髓，多头蚴在其消化道中经消化液的作用，囊壁溶解，原头蚴附着在小肠壁上逐渐发育，经41～83天成熟，即可见孕节排出。多头蚴上的每个原头蚴均可发育成绦虫。

三、流行病学

本病为全球性分布。我国牧区多发。在非牧区，只要有病原存在，有养犬的习惯，羊只均可能感染本病，容易侵袭1～2岁的羊。多头绦虫在犬的小肠中可以生存数年之久，所以一年四季，羊都有感染的可能。

四、临床症状

（一）急性型

以羔羊表现最为明显。体温升高，脉搏、呼吸加快，甚至有强烈的兴奋，病羊作回旋运动，前冲或后退及痉挛性抽搐等，有时沉郁，长时间躺卧，脱离羊群。部分病羊在 5～7 天内因急性脑膜炎死亡，耐过后转为慢性型。

（二）慢性型

病羊耐过急性期后，经 2～6 个月的缓和期，多头蚴发育增大，逐渐产生典型症状。当多头蚴寄生在羊大脑某半球时，除向被虫体压迫的同侧作转圈运动外，还常造成对侧的视力障碍乃至失明。虫体寄生在大脑正前部时，常见羊头下垂向前作直线运动，碰到障碍物时则头抵物体呆立不动。虫体寄生在大脑后部时，病羊表现为头高举或作后退运动，甚至倒地不起，并常有强直性痉挛出现。虫体寄生在小脑时，患畜站立或运动常失去平衡，身体共济失调，易跌倒，对外界干扰和音响敏感。虫体寄生在脊髓时，后肢麻痹，小便失禁。此外，病羊还表现食欲减退，甚至消失，多次发作后陷于恶病质死亡。

五、病理变化

急性死亡的羊有脑膜炎和脑炎病变，还可见到六钩蚴在脑膜中移行时留下的痕迹。慢性型的病例则可在脑、脊髓的不同部位发现1 个或数个大小不等的囊状多头蚴（彩图 25 和彩图 26）；在病变或虫体相接的颅骨处，骨质松软、变薄、甚至穿孔，皮肤向表面隆起。

六、诊断

根据特异症状、病史、头部叩诊可综合判定，区别于莫尼茨绦虫病、羊鼻蝇蛆的特征是具有头骨变薄，变软和皮肤隆起。剖检在脑、脊髓中检出脑多头蚴即可确诊。应用变态反应进行诊断，即用多头蚴的囊壁及原头蚴制成乳剂反应原，注入羊的上眼睑内。病羊于注射 1h 后出现直径 1.75～4.2cm 的皮肤肥厚肿大，并保持 6h，即可确诊。

七、防治

该病的主要预防措施是对护羊犬和家犬进行定期驱虫，驱虫后，对犬粪深埋或烧毁，以防病原进一步散布。对发病病羊、死羊应烧毁或深埋，防止犬等肉食兽吃到带有多头蚴的脑或脊髓。每年春季可用吡喹酮粉剂口服预防。对早期病例可采用注射吡喹酮注射液进行控制。本病一般无治疗意义，个别珍贵品种病羊可采取手术摘除治疗。

第五节　绦　虫　病

绦虫病是羊的主要寄生虫病，是由莫尼茨绦虫、曲子宫绦虫和无卵黄腺绦虫等数种绦虫引起的。寄生在羊的小肠内，对羔羊不仅影响生长发育，严重时常引起死亡。

一、病原

在诸多绦虫中危害较严重的是莫尼茨绦虫，我国常见的有扩展莫尼茨绦虫和贝氏莫尼茨绦虫，两者在外观上很相似。虫体由许多节片连成，头节很小近似球形，其上有 4 个吸盘，无顶突和小钩。

扩展莫尼茨绦虫长可达 10m，宽 1.6m，呈乳白色，虫卵近似三角形；贝氏莫尼茨绦虫呈黄白色，长达 4m，宽 2.6m，虫卵为四角形。

二、生活史

位于羊肠道内的羊绦虫成熟节片及虫卵随粪便排到体外后，被中间宿主地螨吞食后，发育为具有感染力的似囊尾蚴，羊吞食含有似囊尾蚴的地螨后感染。成虫在体内的生活期限为 2～6 个月，一般为 3 个月，此后由肠内自行排出。

三、流行病学

（1）该病可感染各种品种的羊，不同日龄的羊均可发生，一般 1 岁以内的幼羊多发，青年羊也会发病或死亡，2 岁以上的成年羊感染极低，这和其已经获得免疫力有关。

（2）该病的流行有明显的季节性，呈地方性流行。羊一般 2～3 月份被感染，4 月份发病，5～7 月份感染达最高峰，8 月份以后逐渐下降。

（3）本病流行与地螨生活习性密切相关。地螨白天在草皮下或腐殖土下，黄昏或黎明爬出寻找食物，若此时羊就容易吃到带螨的草。适宜的温度、夏季及潮湿天气，地螨生长繁殖快。日照强和干燥环境下则不能生存。

四、临床症状

感染绦虫的病羊一般表现为食欲减退、饮欲增加、精神不振、虚弱、发育迟缓，羊毛粗乱无光，喜躺卧，起立困难。严重时病羊下痢，粪便中混有成熟绦虫节片，病羊迅速消瘦、贫血。有的病羊因虫体成团引起肠阻塞产生腹痛甚至肠破裂，因腹膜炎而死亡。病后期，可见病羊转圈、空嚼、痉挛、弓背等症状，最后衰竭死亡。

五、病理变化

剖检羊可见尸体消瘦、肌肉色淡、胸腹腔及心包有渗出液。小肠呈黄白色，在其可中发现数量不等面条样虫体，其寄生处有卡他性炎症。

六、诊断

感染家畜的粪便表面可发现黄白色的孕卵节片，用饱和盐水漂浮法进行虫卵涂片镜检，或在病死羊小肠中检出病原虫体即可确诊。

七、防治

（一）预防

（1）采取圈养的饲养方式，以免羊吞食地螨而感染。

（2）定期驱虫。

（3）驱虫后的羊粪便要及时集中堆积发酵无害化处理，至少2～3个月才能杀灭虫卵。

（二）治疗

（1）别丁（硫酸二氯酚）　按每千克体重100mg，加水溶解，口服。

（2）1%硫酸铜溶液　按每千克体重2mL口服。

（3）驱绦灵　按每千克体重50～75mg口服。

（4）丙硫咪唑　按每千克体重15mg口服。

（5）硫苯咪唑　按每千克体重5～15mg口服。

第六节 肺线虫病

羊肺线虫病是由网尾科和原圆科的多种线虫寄生在气管、支气管、细支气管乃至肺实质引起的以支气管炎和肺炎为主要症状的寄生虫病。

一、病原

大型肺线虫为丝状网尾线虫，其虫体为细线状，乳白色，肠管好似黑线穿行于体内，口囊小而浅。雄虫长 25～30mm；黄褐色。雌虫长 35～44.5mm。虫卵呈椭圆形，大小为（120～130）mm×（70～90）mm，内含已发育的幼虫。小型肺线虫中缪勒属和原圆属线虫分布最广，危害也较大。该类线虫虫体纤细，长 12～28mm，多见于细支气管和肺泡内，肉眼刚能看见。小型肺线虫不同于大型肺线虫，在发育过程中需要中间宿主的参与。

二、生活史

网尾科线虫发育过程无中间宿主参与，属土源性发育；小型肺线虫在发育时需要中间宿主参与，属生物源性发育。各种肺线虫的虫卵在呼吸道产出后，经咽部进入胃肠消化道而排出体外。发育初的幼虫在被终末宿主吞食后经血液循环再到肺脏发育为成虫。原圆科线虫虫卵和幼虫排出后需在中间宿主陆地螺或淡水螺体内发育为感染性幼虫，而网尾科线虫的虫卵可直接发育为感染性幼虫。

三、流行病学

（1）成年羊比幼年羊感染率高，但对羔羊危害严重，4～5 月龄以上的羊，几乎都有虫体寄生且数量很大。

（2）在螺体内的感染性幼虫，其寿命与螺的寿命同长，为12～18个月。除严冬软体动物休眠外，几乎全年均可发生感染。

（3）网尾线虫的幼虫对热和干燥敏感，可以耐低温。在4～5℃时，幼虫就可以发育，并且保持活力达100天之久。被雪覆盖的粪便，在-20℃～40℃气温下，其中的感染性幼虫仍可存活。

（4）原圆科一期幼虫的生存能力较强。自然条件下，在粪便和土壤中可生存几个月，对干燥有显著的抵抗力，但直射阳光可迅速使幼虫致死。

（5）螺类以羊粪为食，肺线虫的幼虫通常不离开羊粪便，因而幼虫有更多的机会感染中间宿主。

四、临床症状

感染初期和感染轻的羊，症状不明显。当感染大量虫体时，经过1～2个月即开始表现短而干的咳嗽。最初个别羊咳嗽，以后波及多数，咳嗽次数亦逐渐增多，尤其是清晨和夜间明显，多为阵发性，常咳出含有成虫、幼虫或虫卵的黏液性团快。在羊圈附近可以听到患羊呼吸困难，呼吸如拉风箱。常见患羊鼻孔流出黏性液体，液体干后变为痂皮。患病久的羊，表现食欲减少，身体瘦弱，贫血，头、胸及四肢水肿，被毛干燥而粗乱。当虫体与黏液缠绕成团而堵塞喉头时，亦可因窒息而死亡。小型肺线虫单独感染时，病情表现比较缓慢，在病情加剧或接近死亡时，才表现出呼吸困难、干咳或暴发性咳嗽。

五、病理变化

尸体消瘦，贫血，剖检可见病变主要表现在肺部。有不同程度的肺膨胀不全和肺气肿。在虫体寄生的部位，肺表面稍隆起，呈灰白色，触诊时有坚硬感，切开时常可见有虫体。气管中有黏性或脓性混有血丝的分泌团块，团块中有成虫、虫卵和幼虫。支气管黏膜混浊，肿胀，充血，并有小点出血。

六、诊断

根据临床症状，特别是羊群咳嗽发生的季节和发生率，考虑是否有肺线虫感染的可能。用幼虫检查法，在粪便、唾液或鼻腔分泌物中发现第一期幼虫，即可确诊。剖检时在支气管、气管中发现一定量的虫体和相应的病变时，也可确诊为本病。

七、防治

（一）预防

在流行区内，每年对羊群进行 1～2 次普遍驱虫，驱虫后粪便应堆积发酵处理。成年羊与羔羊分群饲养，以保护羔羊少受感染，冬季羊群应予适当补饲。对小型肺线虫病，注意消灭其中间宿主螺类。

（二）治疗

（1）丙硫咪唑　每千克体重 5～10mg，口服。对各种肺线虫均有良效。

（2）苯硫咪唑　每千克体重 5mg，口服。

（3）左旋咪唑　每千克体重 7.5～12.0mg，口服。

（4）氰乙酰肼　每千克体重 17mg，口服；或每千克体重 15mg，皮下或肌内注射。

第七节　捻转血矛线虫病

羊捻转血矛线虫病是毛圆科血矛属的捻转血矛线虫寄生在羊（牛、骆驼等）的皱胃、小肠内引起的寄生虫病。

一、病原

虫体呈毛发状，淡红色，头端尖细，口囊小，内有一角质背矛，雄虫长 15～19mm，背肋呈人字形。雌虫长 27～30mm，白色的生殖器官和红棕色的肠管相互捻转，形成红白相间的特征。虫卵呈椭圆形，大小为（75～95）$\mu m \times$（40～45）μm，壳薄而透明。

二、生活史

虫卵随宿主粪便排出，孵出幼虫经蜕皮发育为带鞘的感染性幼虫，羊随吃草和饮水吞食感染性幼虫而感染，经 3～4 周发育为成虫。感染性幼虫进入宿主体后，经第三次蜕变为第四期幼虫开始吸血。

三、流行病学

（1）全国分布很广，各日龄羊均可发生，以羔羊发病率和死亡率较高，成年羊有一定抵抗力，常出现"自愈现象"。

（2）一年四季均可发生，春、夏季节发病率较高。

（3）成虫游离于皱胃中，寿命可达 1 年。

四、临床症状

重要特征是贫血和衰弱。一般情况下，常表现慢性过程，病羊日渐消瘦，精神萎靡，严重时卧地不起，贫血，发育不良，食欲减退，饮欲增加，下痢与便秘交替。严重感染时，羔羊可短时间内大批死亡，此时羔羊膘情尚好，但因极度贫血而死。

五、病理变化

除贫血外，皮下和肠系膜可出现胶冻样水肿，皱胃黏膜和内容物充满大量毛发状粉红色虫体。此外，还会出现不同程度的胃黏膜水肿、出血及肠炎。

六、诊断

在皱胃内或十二指肠内检出粉红色丝状虫体或粪便检出线虫虫卵，即可做出诊断。

七、防治

1. 预防

（1）定期采用驱线虫药物（阿苯达唑、左旋咪唑、伊维菌素）预防性驱虫。

（2）羊粪发酵处理。

2. 治疗

（1）阿苯达唑　每千克体重 10～15mg，口服。

（2）左旋咪唑　每千克体重 6～10mg，口服。

（3）芬苯达唑　每千克体重 10～15mg，口服。

严重感染时，间隔 7～10 天再驱虫 1 次，以后每 2 个月驱虫 1 次。阿维菌素和伊维菌素对本病也有较好效果。

第八节　食道口线虫

羊食道口线虫病是夏伯特科食道口属多种线虫的幼虫及其成虫寄生于羊肠壁而引起的寄生虫病，因幼虫阶段钻入肠黏膜，在肠壁形成结节，故又称结节虫病。临床上以消化道功能异常、持续性腹泻、血便，甚至死亡为主要特征。

一、病原

本病病原为夏伯特科食道口属多种线虫，我们以哥伦比亚食道口线虫为例介绍。雄虫长 12～13.5mm，交合伞发达，交合刺长 0.74～0.87mm。雌虫长 16.7～18.6mm，尾部长，有肾形的排卵器。虫卵呈椭圆形，大小为（73～89）μm×（34～45）μm。

二、生活史

主要寄生在羊结肠，成虫在寄生部位产卵，随粪便排出体外。宿主摄食了被感染性幼虫污染的青草和饮水而遭感染。幼虫在胃肠内脱鞘，然后钻入小结肠和大肠固有膜深处，并在此形成包囊和结节，在其内进行两次蜕化，然后返回肠腔。

三、流行病学

（1）各日龄羊均可感染（一般见于吃草后 1 月以上），其中 12 月龄以上羊感染率更高。

（2）一年四季均可发生，多发于夏季，清晨、雨后和多雾天气。

（3）环境温度低于 9℃时虫卵不能发育。

四、临床症状

此病无特殊症状，轻度感染不显症状，重度感染时特别是羔羊，可引起顽固性下痢，粪便呈暗绿色含多量黏液，有时带血。严重者可因机体脱水、消瘦，引起死亡。

五、病理变化

剖检可见盲肠肿大明显，结肠也有不同程度肿大，肠表面可见一些白色或黄色坏死结节，切开肠壁可见内容物为黑褐色或黄色黏糊状，肠壁上肉眼可见一些白色小虫在蠕动。

六、诊断

结肠内检出大量食道口线虫，即可做出诊断。

七、防治

参照捻转血矛线虫。

第九节　钩虫病

羊钩虫病是由羊仰口线虫寄生于羊小肠引起寄生虫病，又称羊仰口线虫病。

一、病原

羊仰口线虫寄生于小肠。虫体前端弯向背侧，口囊大，呈漏斗状，口囊底部有 1 个大背齿和 2 个小亚腹齿。雄虫长 12.00～15.00mm。雌虫长 17.00～22.00mm，尾端粗短而钝圆。虫卵大小为（72～85）μm×（45～49）μm。

二、生活史

虫卵随宿主粪便排至体外，在外界发育为第一期幼虫，孵化后，经两次脱皮变为感染性幼虫。感染性幼虫能在土壤和草地上活动，主要是通过终末宿主的皮肤感染，随血流到肺，随后出肺泡，沿气管到咽，又随黏液一起咽下，到小肠发育为成虫，也能经口感染。

三、流行病学

(1) 羊钩虫病分布广泛，多呈地方性流行。

(2) 一般秋季感染，春季发病。

(3) 感染性幼虫在夏季能存活 2~3 个月，在春季和秋季存活时间会更长，不耐严冬寒冷气候。

四、临床症状

幼虫侵入皮肤时，常致羊皮炎和发痒，一般不易察觉。幼虫移行到肺脏时可导致羊肺脏出血，但通常无明显临床症状。随着病情发展，病羊表现为进行性贫血、顽固性下痢，严重消瘦，下颌水肿，粪带黑色。幼羊还表现为神经症状，发育受阻，死亡率较高。

五、病理变化

皮下有浆液性浸润。血液稀薄，水样，凝固不全。肺脏有瘀血和出血点。心肌松软，冠状沟水肿。肝脏呈淡灰色，松软，质脆，肾脏呈棕黄色。

六、诊断

用漂浮法检查粪便发现羊仰口线虫虫卵，或剖检时发现该虫体即可确诊。

七、防治

参考捻转血矛线虫病。

第十节 球虫病

羊球虫病是由艾美耳属的球虫寄生于羊肠道内引起的以患羊下痢、消瘦、贫血、发育不良等为症状的疾病。主要危害羔羊，成年羊为带虫者，只感染不发病。

一、病原

寄生在绵羊和山羊体内的球虫种类很多，目前，国内已经记录的羊球虫种类有 27 种，其中山羊有 19 种，绵羊有 13 种，两者之间部分有交叉感染。不同种类球虫卵囊形态和大小差异明显。一般来说，卵囊呈卵圆形或球形或亚球形或椭圆形，大小为 (12~50)μm×(8.5~33)μm。

二、流行病学

（1）球虫的发育属直接发育型，不需中间宿主，须经过无性生殖、有性生殖和孢子生殖 3 个阶段。

（2）各种品种的绵羊、山羊对球虫均有易感性；羔羊极易感染，1~3 月龄的羔羊发病率和死亡率较高。成年羊感染率也相当高，但成年羊感染后不发病或很少发病，仅为带虫者。

（3）流行季节多为春、夏、秋；冬季气温低，不利于球虫卵囊发育，很少发生感染。

（4）传染源是病羊和带虫羊，卵囊随羊粪便排至外界，污染牧草、饲料、饮水、用具和环境，经消化道使健康羊感染。其他动物、尘埃和管理人员，都可成为球虫的机械传播者。

三、临床症状

潜伏期为 11～17 天。病羊精神不振，食欲减退或消失，体重下降，被毛粗乱，可视黏膜苍白，腹泻，粪便中常混有血液、脱落的黏膜和上皮，有恶臭，粪便中含有大量卵囊。体温上升到 40～41℃，严重者可导致死亡，死亡率常达 10%～25%，严重时可达80%以上。

四、病理变化

尸体消瘦，脱水明显，剖检可见小肠浆膜上有淡白色或黄色结节状坏死斑，内容物为糊状或水状。小肠壁可见白色小点、平斑、突起斑和息肉，以及小肠壁增厚、充血、出血，局部有炎症。

五、诊断

根据临床症状、病理变化和流行病学情况可对本病作出初步诊断。确诊需在粪便中检到大量的卵囊。如果在粪便中只检查到有少量卵囊，羊无任何症状，可能是隐性感染。对死亡羊只确诊须通过剖检，观察到球虫性的病理变化，在病变组织中检查到各发育阶段的虫体。

六、防治

(一) 预防

较好的饲养管理条件可大大降低球虫病的发病率，羊圈舍应保持清洁和干燥，饮水和饲料要卫生，注意尽量减少各种应激因素。

球虫病往往在突然更换饲料种类或变换饲养方式时发生，因此，要注意逐步过渡，以免疾病的暴发。由于成年羊常常是带虫者，因此羔羊和成年羊应分开饲养。预防用药有：

（1）氨丙啉　每千克体重50mg，每天1次，连服4天。

（2）氯苯胍　每千克体重20mg，每天1次，连服7天。

（3）呋喃唑酮　每千克体重每天1 020mg，连用5天。

（4）磺胺二甲基嘧啶或磺胺六甲氧嘧啶：每千克体重每天100mg，连用3～4天。

（二）治疗

（1）盐霉素　按每天每千克体重0.33～1.0mg混饲，连喂2～3天。

（2）氨丙啉　按每天每千克体重145mg混饲，连喂2～3周。

（3）急性病例用磺胺二甲氧嘧啶，按每天每千克体重50～100mg，服用4～5天。

第十一节　泰勒焦虫病

羊泰勒焦虫病是泰勒焦虫寄生于绵羊和山羊的巨噬细胞、淋巴细胞和红细胞内引起的蜱源性血液原虫病。临床上以高热稽留、黄疸、贫血、消瘦、体表淋巴结肿大为主要特征。

一、病原

本病病原为泰勒科泰勒属的各种原虫，病原形态呈多样性，包括环形、逗点状、三叶草状、杆状、双逗点形、椭圆形和不规则形等。姬姆萨染色后，虫体的原生质呈淡蓝色或着色不明显，染色质为紫红色，呈点状或半月状，居于虫体一侧边缘。红细胞染虫率很高，最高可达90%以上。

二、生活史

泰勒焦虫病通过蜱的传播感染，蜱附着羊体吸血时，虫体的子孢子随蜱的唾液进入体内，在网状内皮细胞中进行裂殖增殖，先形成大裂殖体（无性生殖型）。大裂殖体破裂后，产生许多大裂殖子，又侵入正常网状内皮细胞中，再重复上述的裂殖增殖过程。有的大裂殖子侵入网状内皮细胞发育为小裂殖体（有性生殖型）。

三、流行病学

（1）本病季节性很强，主要发病季节在 4—6 月，5 月份为高峰期。

（2）1～6 月龄的羔羊发病率高，病死率高，1～2 岁羊次之，2 岁以上的羊多为带虫者，很少发病。痊愈病羊对本病有较强的抵抗力。

（3）外地购入的羊对本病的易感性强、发病严重。

四、临床症状

患羊病初体温高达 39～41℃，呈稽留热，心律不齐，呼吸加快，且呼吸困难，精神沉郁，食欲减退，有的腹泻，可视黏膜初期充血，继而出现贫血，体表淋巴结肿大，病程为 7～15 天。

五、病理变化

病死羊尸体消瘦，贫血，血液稀薄，凝固不良，呈淡褐色。剖检可见全身淋巴结有不同程度肿胀，尤以肠系膜淋巴结、肩前淋巴结和肺门淋巴结最为明显。肾呈黄褐色，表面有淡黄色或灰白色结节和出血点。肺充血水肿，心冠脂肪出血，血液稀薄，色淡，凝固不良。膀胱黏膜有散在出血点。皱胃黏膜肿胀。尿发黄、浑浊或血尿。

六、诊断

根据流行病学、临床症状、病理变化做出初步诊断，根据镜检和药物试验确诊。实验室诊断方法包括血液涂片染色镜检、淋巴结穿刺涂片染色镜检、酶联免疫吸附试验等。用瑞氏或姬姆萨染色，高倍镜下可见红细胞数量减少，大小不均，红细胞内有圆形或扁形的深蓝色或蓝紫色虫体。

七、防治

(一) 预防

在硬蜱活动季节定期采用杀虫药喷洒羊体及圈舍、运动场。

(二) 治疗

三氮脒：每千克体重 3～5mg，分点深部肌内注射，每天 1 次，连用 2～3 天。

第十二节　硬蜱病

本病是硬蜱寄生于羊体表引起的一种吸血性体外寄生虫病。硬蜱除直接侵袭羊群外，还常常成为多种重要的传染病和焦虫病的传播者，临床上以急性皮炎和贫血为主要特征。

一、病原

本病病原为硬蜱科的多种硬蜱，在我国，危害羊群的主要有长角血蜱、微小牛蜱、全沟硬蜱等。其身体呈红褐色或灰褐色，长卵圆形，背腹扁平（彩图27），从芝麻粒大到米粒大，雌虫吸饱血后体积膨胀可达花生米大。

二、生活史

硬蜱发育过程有卵、幼虫、若虫和成虫四个阶段。硬蜱在吸血过程中交配，雌蜱吸饱血后从动物身体上脱落，在地面、缝隙等处产卵，产完后死亡。卵在适宜条件下经 2～4 周孵出幼虫，经数天后爬至动物身上吸血，经 2～7 天吸饱血后幼虫经 1～4 周蜕皮成为若虫。若虫再次吸血经 1～4 周蜕皮化为成虫，完成整个发育过程。

三、流行病学

（1）硬蜱分布广泛，一般每年 2 月末到 11 月中旬都有硬蜱活动。

（2）硬蜱可侵袭各种品种、各日龄的羊。多发生在白天运动采食过程中（少数为舍内蜱）。

（3）硬蜱寄生在羊全身各处，尤其皮薄毛少部位，如耳郭、头面部、腹下内侧等部位寄生较多。

四、临床症状

蜱多趴在羊体毛短的部位叮咬，少数蜱的叮咬，不表现临床症状，数量增多时，病羊显现痛痒、烦躁不安。蜱的口器刺入羊的皮肤进行吸血，由于刺伤皮肤造成局部皮肤损伤，组织水肿、出血和皮肤肥厚。有的还可继发细菌感染，引起化脓、肿胀和蜂窝织炎等。硬蜱在吸血过程中涎液分泌的神经毒素可导致羊神经症状和肌肉麻痹，还可导致呼吸衰竭而死亡，称"蜱瘫痪"。大量硬蜱密集寄生时可导致病羊严重贫血，消瘦，生长发育缓慢，皮毛质量降低等。另外，蜱还是其他寄生虫病和传染病的重要媒介，间接造成羊患病。

五、诊断

根据羊身上检出大小不同的硬蜱，即可做出判断。

六、防治

（一）预防

（1）新引进和输出的羊群要检疫，发现有蜱要隔离，防止随同羊群带入带出蜱类。

（2）对羊舍和周围环境中的硬蜱，可用1％～2％马拉硫磷或辛硫磷喷洒羊舍、柱栏及墙壁和运动场。

（二）治疗

（1）少量的蜱可用手工摘除并将其杀灭，拔蜱时，应使蜱体与动物的体表成垂直并往上拔，才能使虫体整体脱离羊体，否则蜱的口器很容易断落在羊体内，引起局部炎症；

（2）用0.05％辛硫磷乳油水剂或0.002 5％溴氰菊酯或1％敌百虫喷淋、药浴、涂擦羊体；

（3）伊维菌素、阿维菌素（每千克体重0.2mg），皮下注射，对各发育阶段的硬蜱均有良好杀灭效果。

第十三节 螨 病

羊螨病又名疥癣、疥疮，是由螨虫寄生在羊皮肤表面而发生的一种慢性体外寄生虫病。螨虫种类很多，有疥螨、痒螨等。疥螨对山羊危害严重，痒螨易感染绵羊。

一、病原

疥螨寄生在皮肤下，虫体不断发育和繁殖。虫体小，雄虫长0.2mm左右，雌虫长0.5mm左右，肉眼不易看见。痒螨寄生在皮肤表面，虫体呈长椭圆形，灰白或淡黄色，长0.5～0.9mm，肉眼可看到针尖大小的痒螨。

二、生活史

疥螨的发育过程包括卵、幼虫，若虫和成虫四个阶段。在圈舍墙壁或其他器物上最多能活3周。口器为咀嚼式，在宿主表皮挖凿隧道以角质层组织和渗出的淋巴液为食，在隧道内进行发育和繁殖。雌虫在皮下隧道中产卵，卵经过3～8天孵出幼虫，雌虫一生可产20～40个。卵经过3～7天孵化成六脚幼虫，幼虫经蜕皮后变为若虫、若虫再蜕皮变为成虫。其全部发育过程为8～20天，平均15天。雄虫交配后死亡，雌虫产卵后21～35天死亡。

痒螨的发育过程包括卵、幼螨，若螨和成螨四个阶段。雌螨在羊毛之间的寄生区域产卵，平均每天产卵2～3枚，一生可产90～100枚。痒螨由卵发育到成螨平均约需10天。因此，寄生于一个宿主身体上的痒螨种群数量可以很快增长，每6天增加1倍甚至更多。

三、流行病学

疥螨病主要发生于冬季和秋末春初，一般始发于羊皮肤柔软且短毛的部位，如嘴唇、口角、鼻面、眼圈及耳根部，以后皮肤炎症逐渐向周围蔓延。痒螨则起始于被毛稠密和温度、湿度比较恒定的皮肤部分，绵羊多发生于背部、臀部及尾根部，以后才向体侧蔓延。痒螨在宿主体外的生活期限，因温度、湿度和阳光照射强度等多种因素的变化而有显著的差异。

本病为接触感染，如病羊和健康羊混在同一圈舍、饮水处即可造成相互感染。也能通过管理用具、工作人员的衣物等而传播病原体。犬及其他动物也可以成为传播媒介。在冬季，特别是潮湿阴暗而且拥挤的舍中，传染和发病更为严重。夏季由于阳光和干燥，不利于痒螨的发育和生存，痒螨潜伏在皮肤的皱襞中和其他阳光照射不到的部位，使患羊转为潜伏型的痒螨病。但一进入秋冬季，它们即重新活跃起来，在一定条件下，引起疾病复发。

四、临床症状

患疥螨病时羊表现为剧痒、脱毛、皮肤发炎，形成痂皮和脱屑，病畜烦躁不安，口腔皮肤皲裂影响采食和休息，逐渐消瘦，严重者衰竭而死亡。绵羊患疥螨时，病变主要局限于头部，病变皮肤如干涸的石灰，故有"石灰头"之称。

感染痒螨病羊表现为奇痒，常在栏柱、围墙摩擦，由于病羊的摩擦，皮肤先有针尖大小结节，继而形成水疱甚至脓疱，患部渗出液增加，破溃后，形成痂皮，并有渗出物流出。其后有黄色结痂，皮肤变为厚硬而有皱襞，也有龟裂形成。大片被毛脱落，甚至全身脱光（彩图28）。烦躁不安，影响正常的采食和休息，贫血，最终因极度衰竭而死亡。

五、诊断

根据羊的临床表现，当症状不明显时，则需进行实验室诊断。在患部和健康皮肤交界处，用刀片刮痂皮直至微微出血为止，并将所刮取的病料装入试管内，加入10％氢氧化钾或氢氧化钠溶液，煮沸融化后静置20min或离心后取管底沉渣进行镜检。

六、防治

(一) 预防

（1）对新购入的羊要隔离检查，确定无疥螨寄生后再混群饲养。

（2）圈舍经常通风、保持干燥及良好的采光、定期消毒。

（3）发现病羊，应及时治疗，并立刻采取隔离措施。

（4）从病羊身上清除的污染物要彻底销毁，病羊所处的环境要进行彻底消毒，可用 0.5％敌百虫水溶液喷洒墙壁、地面及用具，或用 20％热石灰水洗刷羊舍的墙壁和柱栏。

(二) 治疗

1. 涂药疗法 适用于病畜数量少，患部面积小及寒冷季节。必须将患部和周围的被毛剪掉，再用温肥皂水彻底刷洗，除去痂皮和污物。

（1）溴氰菊酯：0.05％浓度药液喷洒。

（2）双甲脒每千克体重 500mg 进行涂搽、喷淋或药浴。

（3）40％敌敌畏乳油，配成 1∶50 水溶液，进行喷洒或涂抹。

（4）嗪农（螨净）每千克体重 250mg 进行喷淋或药浴。

2. 药浴疗法 适用于患病动物数量多，环境温度较高的条件下使用。大规模药浴之前应对所选药物做小批量安全试验，避免中毒，必须在晴天进行，药浴时间为 1～2min，注意浸泡羊头部，药浴前让羊饮足水，以防误饮药液，通常进行两次，两次之间间隔 7 天。常用药物为 0.05％的双甲脒水溶液、0.05％的溴氰菊酯水乳剂。

3. 注射疗法 常用药物为阿维菌素、伊维菌素，剂量为每千克体重 0.2mg，1 次性皮下注射。

第十四节　羊鼻蝇蛆病

羊鼻蝇蛆病多发生在夏天，由羊鼻蝇幼虫寄生在羊的鼻腔及附近的腔窦内引起的一种慢性寄生虫病。病羊表现为精神不安，体质消瘦，甚至发生死亡。

一、病原

羊鼻蝇幼虫：第一期幼虫呈淡黄白色，长 1mm；第二期幼虫呈椭圆形，长 20～25mm，；第三期幼虫长约 30mm（彩图 29）。

二、生活史

羊鼻蝇的发育需经幼虫、蛹及成虫 3 个阶段。成虫出现于每年 5—9 月，雌虫将幼虫产在羊鼻孔内或羊鼻孔周围。产出的第一期幼虫爬入鼻腔后以其口前钩固着在羊鼻黏膜上，采食羊鼻黏膜分泌物作为营养用于发育。寄生在羊只鼻腔及窦腔内的第一期幼虫需要 9～10 个月进行发育，到达额窦或鼻窦内（有些幼虫还可以进入颅腔），经两次蜕化发育为第三期幼虫。到翌年春天，发育成熟的第三期幼虫由鼻腔深部向浅部返回移行，当患羊打喷嚏时，将其喷出，三期幼虫即在土壤表层或羊粪内变蛹。蛹经 1～2 个月羽化为成虫。

三、流行病学

羊鼻蝇蛆的成虫出现于每年 5—9 月，尤以 7—9 月为最多，一般只在炎热晴朗无风的白天活动侵袭羊只，专寻羊只的鼻镜或伤口处产第 1 期幼虫。幼虫一般寄生 9～10 个月，到第 2 年春季发育为第 3 期幼虫，所以此病流行特点是夏季感染、春季发病。

四、临床症状

羊鼻蝇幼虫进入羊鼻腔、额窦及鼻窦后，在其移行过程中，由于体表小刺和口前钩损伤黏膜引起鼻炎，可见患羊流出多量鼻液，鼻液初为浆液性，后为黏液性和脓性，有时混有血液；当大量鼻漏干涸在鼻孔周围形成硬痂时，使羊发生呼吸困难。此外，可见病羊表现不安，摩鼻，眼睑浮肿，打喷嚏，流泪，颌下水肿，时常摇头，食欲减退，日渐消瘦。有时，当个别幼虫进入颅腔损伤到脑膜或因鼻窦发炎而波及脑膜时，可引起神经症状，病羊表现为运动失调，旋转运动，头弯向一侧或发生麻痹，听、视力降低，不能安静吃草和休息，后肢举步困难，有时站立不稳，最后病羊食欲废绝，因极度衰竭而死亡。

五、诊断

病羊生前诊断可结合流行病学情况和症状表现，于发病早期用药液喷射鼻腔，查找有无死亡的幼虫排出。死后诊断时，剖检时在鼻腔、鼻窦或额窦内发现羊鼻蝇幼虫，即可确诊。

六、防治

(一) 预防

该病防治应以消灭第一期幼虫为主要措施。各地根据不同气候条件和鼻蝇的发育情况，确定防治的时间，一般在每年 11 月进行为宜，另外还可以通过捕杀虫法进行预防。

1. 捕杀幼虫法 用少量芥子面加适量盐喂羊，刺激羊鼻黏膜引起羊打喷嚏，可喷出大量 1 期羊鼻蝇幼虫，此时可将幼虫杀死。也可用生石灰或黄烟末搽羊鼻孔，使羊打喷嚏时把幼虫喷出来，然后将幼虫烧死。

2. 抓捕蝇蛆法　每年3—4月，在羊舍四周及屋角下挖掘蝇蛆并将其烧死，以免天暖后羽化成蝇。

3. 捕杀成蝇法　羊鼻蝇多在天热时活动，天凉的早晨多在墙头、屋角趴卧不动，此时可将其打死。

（二）治疗

可选以下药物：

（1）敌百虫　每千克体重75mg口服，或用5%溶液肌内注射，或以2%溶液喷入鼻腔。

（2）伊维菌素　按每千克体重0.2mg，1%溶液皮下注射。

（3）氯氰柳胺　按每千克体重5mg口服，或2.5mg皮下注射。

第六章

羊普通病

第一节 口　　炎

口炎是口腔黏膜和深层组织的炎症，临床上分为原发性局部炎症和继发性全身反应。

一、病因

原发性口炎常见原因有饲喂尖锐粗硬的秸秆、植物枝杈、误食钉子、铁丝、生石灰等，误饮氨水等。

继发性口炎多发于羊患口蹄疫、羊痘、霉菌性口炎和羊口疮等疾病时。

二、临床症状

原发性口炎病羊表现为：采食小心、咀嚼缓慢、拒食粗硬饲料、流涎，唾液呈白色泡沫状；口腔黏膜潮红、肿胀、疼痛、糜烂、出血、溃疡；口臭、全身变化不明显。

继发性口炎病羊表现为：口蹄疫时，口腔黏膜发生水痘、糜烂、溃疡外，趾间及皮肤也有类似病变；羊痘时，除口腔黏膜有典型的痘疹、溃疡外，在乳房、眼角、头部、腹下皮肤处也有痘疹。霉菌性口炎，除口腔黏膜发炎外，还有采食发霉饲料的病史，临床上还表现腹泻下痢、黄疸等症状；羊口疮时，口腔黏膜、口角处、上下唇有疱疹和出血干痂样坏死。

三、诊断

根据临床症状可做出诊断。

四、防治

(一)预防

加强饲养管理,供给青绿多汁饲料,防止营养缺乏,防止理化因素或有毒物质的刺激,口腔检查时禁止粗暴操作,正确预防和治疗传染病引起的口炎。

(二)治疗

加强护理,拔去口腔黏膜上的异物,饲喂柔软容易消化的饲料(如青草、青干草),饲喂后用清水冲洗口腔。

病羊隔离消毒,轻度时用2%～3%硼酸液或0.1%的高锰酸钾溶液冲洗;发生糜烂时,用2%明矾液冲洗;有溃疡时用1:9碘甘油混合蜂蜜涂擦。全身反应明显时,用青霉素每千克体重2万～3万IU,每天2次肌内注射,连用3～5天;中药治疗法有口衔冰硼散或青黛散,每天1次。

如果是口蹄疫引起的口炎,应按《口蹄疫防治技术规范和应急预案》的要求进行处置。

第二节　食道阻塞

食道阻塞,是羊食道被草料或异物阻塞所引起,临床上以吞咽障碍为特征的突发性疾病。

一、病因

该病主要由于羊过度饥饿后采食过急，狼吞虎咽，吞食了过大的块根饲料，没有充分咀嚼而吞咽，阻塞在食道某一段，例如吞食玉米棒、西瓜皮、土豆、大块萝卜、甘薯等，也有误食塑料袋、地膜等异物造成食道阻塞的。食道麻痹、狭窄和扩张时也能引起食道阻塞。

二、临床症状

羊在采食中突然发病，采食停止，头颈伸直，骚动不安，口腔流涎，不断吞咽和作呕，饲料和唾液不断从口鼻逆出，并伴有咳嗽。当阻塞物发生在颈部食道时，局部凸起，形成肿块，手触可感觉到异物形状；当发生在胸部食道阻塞时，有多量唾液蓄积于梗塞物上方，触压颈部食道有波动感，病羊疼痛明显。羊食道阻塞时，由于影响嗳气，常继发瘤胃臌胀。

三、诊断

采食中突然发生吞咽障碍和胃管插至梗塞部位不能前进，就可以诊断，食道阻塞分完全阻塞和不完全阻塞两种情况。

完全阻塞：水和唾液不能下咽，从口鼻流出，在阻塞物上方积存液体，手触食道有波动感。

不完全阻塞：液体可以通过食道，而食物不能下咽。

应与食道狭窄，食道炎，食道痉挛，食道麻痹，食道憩室等疾病进行鉴别诊断。

四、防治

(一)预防

饲喂定时定量，勿使羊过度饥饿，防止采食过急；防止羊偷食未加工的块根饲料；草料铡碎或做成颗粒，块根块茎类饲料切碎后饲喂；避免羊在采食时受到惊吓；及时清理场地、羊舍周围的废弃物。

（二）治疗

治疗食道梗塞，主要在于除去食道内的阻塞物。

阻塞物如果是草料、食团，可将羊保定好，送入胃管后用橡皮球吸取温水，注入胃管，在阻塞物上部或前部软化阻塞物，反复冲洗，边注入边吸出，反复操作，直至食道畅通。

阻塞物在靠近贲门部位时，可先将2%普鲁卡因5mL、液态石蜡30mL混合后，用胃管送至阻塞部位，待10min后，再用硬质胃管推送阻塞物进入瘤胃中。

阻塞物在颈部食道时，如果阻塞物易碎，表面光滑，可在颈部阻塞物两侧垫上软垫，待一侧固定，在另一侧用木槌或拳头砸，使其破碎后进入瘤胃。

治疗中若发生继发瘤胃鼓气，可试行瘤胃放气术，以防病羊发生窒息。

食道阻塞的病羊，要有专人护理，病程较长的要注意人工营养，如静脉注射葡萄糖盐水，或营养灌肠。

第三节 瘤胃鼓气

羊瘤胃鼓气又称肚胀和气胀，是由于羊采食了过量且易于发酵的饲料，在瘤胃细菌的作用下过度发酵，而迅速产生大量的气体，致使瘤胃急剧胀大，并呈现反刍和嗳气障碍的一种消化道疾病。

一、病因

本病病因包括原发性病因和继发性病因。原发性病因是由于羊在较短时间内吃了大量易发酵的饲料，如精料、幼嫩牧草或变质饲料。继发性病因常见于羊发生食道阻塞、前胃迟缓、瓣胃阻塞、慢性腹膜炎、创伤性网胃炎等疾病后出现的瘤胃鼓气。

二、临床症状

病羊站立不动，背拱起，头常弯向腹部。不久腹部迅速胀大，皮肤紧张，叩诊如鼓。病羊张口伸舌，呼吸困难，表现非常痛苦。膨胀严重时，病羊的结膜及其他可视黏膜呈紫红色，不吃、不反刍，脉搏快而弱，间有嗳气或食物反流现象；有时直肠垂脱，此时病羊十分窘迫，站立不稳，最后倒卧地上，痉挛而死。病程常在1h左右。

三、诊断

可视黏膜发绀，剖检可见瘤胃内充满大量未消化食物，瘤胃黏膜充血、出血。根据发病史及临床症状可作出诊断。

四、防治

（一）预防

加强饲养管理，不喂太多的精料或吃太多的幼嫩牧草，饲喂青嫩的豆科草以前，应先喂些富含纤维质的干草。在本病的高发季节春季，应先给羊饲喂适量的粗料，经过一段时间的过渡，让羊的胃肠机能逐渐适应青饲料的消化特点后，再全天饲喂青饲料。不给羊群饲喂腐烂发霉变质的草料，也不能饲喂大量容易发酵的饲料。

（二）治疗

以排气、止酵、泻下为原则。在早期可灌服食用油100～200mL，或液状石蜡100mL、鱼石脂2g、酒精10ml混匀后加适量水灌服，也可选用陈皮酊50mL对适量水后灌服。对于气臌特别严重可进行瘤胃穿刺放气。操作过程要规范操作要领，控制放气速度，防止出现脑缺氧或腹膜炎现象。

第四节 瘤胃积食

羊瘤胃积食又称瘤胃食滞，瘤胃阻塞。是指瘤胃充满饲料超过正常容积，致使胃体积增大，胃壁扩张，食糜滞留在瘤胃引起的严重消化不良的疾病。临床特征是瘤胃运动停滞，反刍、嗳气停止，容积增大，充满黏硬内容物，伴有腹痛、脱水和自体中毒等全身症状。

一、病因

原发性瘤胃积食是由于羊吃了过多质量不良、粗硬易膨胀的饲料，如豆饼、花生饼、棉籽饼、酒糟、豆渣、腐败饲料等，或采食干料而饮水不足等引起。

继发性瘤胃积食是由于其他肠胃疾病继发引起，如前胃迟缓、瓣胃阻塞、真胃阻塞、创伤性网胃炎、腹膜炎、黑斑病、甘薯中毒等。

二、临床症状

初期病羊神情不安，目光呆滞，拱背站立，反刍嗳气减少或停止，鼻镜干燥，排便困难，腹痛不安，回头观腹、后肢踢腹或用角撞腹，呼吸急促，脉搏加快，结膜发绀，腹部膨胀，瘤胃穿刺时排出少量气体和带有腐败酸臭气味混有泡沫的液体。腹部听诊肠音微弱。

后期由于过食造成胃中食物腐败发酵，导致酸中毒和胃炎，肚腹更加膨胀，呼吸促迫，心搏亢进，脉搏急促，体温不整，四肢、耳根及耳郭冰凉，全身肌颤，眼球下陷，运动失调，卧地不起，陷入昏迷。

三、防治

(一) 预防

加强饲养管理，防止饥饿过食，避免骤然更换饲料，粗饲料和蔓藤类青饲料应加工后再喂，注意饮水和适当运动。

(二) 治疗

病初停止饲喂 1～2 天，施行瘤胃按摩，每次 5～10min，隔半小时 1 次，按摩前先灌服 500mL 温水；或用酵母粉 500～1 000g，温水 3～5L，1 天 2 次分服。

病情较重的可使用液态石蜡 100mL、硫酸镁 300g、加水 6～10L，1 次灌服导泄。促进瘤胃内容物运转，可用新斯的明 0.01～0.02g 皮下注射。纠正酸中毒，可静脉滴注碳酸氢钠。

药物治疗无效时，迅速进行瘤胃切开术，取出内容物。

第五节　创伤性网胃炎及心包炎

采食过程中，尖锐金属异物混入饲料内并进入网胃，刺伤胃壁后将导致急性或慢性炎症反应，进而引发创伤性网胃炎，如果异物穿透网胃壁和膈肌伤及心包，可伴发创伤性网胃心包炎，称创伤性网胃炎和心包炎，也称作创伤性消化不良。

一、病因

金属尖锐物，如缝衣针、钢丝、铁钉、注射针头、大头针、铁片等混入饲料内，羊因误食使其进入网胃后，通常会在瘤胃和网胃内长期停留；尖锐的金属异物，在网胃的收缩作用下，可将胃壁刺破，引起创伤性炎症。当异物比较长时，伴随羊的过食或在瘤胃积食、瘤胃鼓气且腹内压急剧增高的情况下，可能穿透横膈膜，刺伤心包，从而导致创伤性心包炎，也可能对脾脏、肝脏、肺脏等处造成伤害，引起化脓性炎症。

二、临床症状

本病发病过程比较缓慢，初期并无明显症状变化，过程较长时则表现出饮食下降，反刍减少，精神萎靡，瘤胃蠕动减弱或停止，随之出现反刍性鼓气症状。病情发展到严重阶段，患羊表现出行动缓慢，伴有呻吟、弓背等疼痛表现。当用手对羊的网胃区进行顶压或用拳头对剑状软骨左后方进行顶压，患羊出现疼痛、躲闪的表现。羊起立时一般前肢先起，肘关节会在站立时张开。发生创伤性心包炎，全身症状明显加剧，伴有体温身高、心跳加速等症状，颌下、胸前发生水肿，颈静脉怒张。叩诊发现心浊音区扩大，患羊表现出疼痛感。听诊时，可听到心音减弱且混浊不清，常出现摩擦音及拍水音。疾病后期阶段，常发生腹膜粘连、心包化脓和脓毒败血症。

三、诊断

本病在诊断过程中可根据羊的精神、采食状况有无异常，并结合病情不同发展阶段的特征进行诊断。病羊出现姿势与运动异常、顽固性前胃迟缓、身体逐渐消瘦等现象，可通过网胃区触诊与疼痛试验进一步诊断。用金属异物探测器进行检查，能够获得阳性结果。本病后期多表现出静脉怒张和颌下、胸垂水肿，最终可依据心包穿刺液的性状进行确诊。有条件时可进行 X 射线透视或摄影，从而获得准确的诊断结果。

病程发展过程中，临床诊断时应注意鉴别诊断由前胃迟缓、慢性瘤胃鼓气、真胃溃疡等引发的消化机能障碍；注意鉴别诊断本病与肠套叠和肠扭转等引起的剧烈腹痛症状；注意鉴别诊断创伤性心包炎、吸入性肺炎等表现出的呼吸系统症状，以免出现误诊。

四、防治

（一）预防

注意加强饲养管理，饲喂时注意检查饲草、饲料及草场中是否存在金属异物；可在饲料加工设备中安装磁铁，并进行定期检查，做好有效的预防，清除饲料中的金属异物；禁止将金属用具放置在牧场及饲料加工存放场地附近，增加潜在威胁。

（二）治疗

本病在初期阶段可采用瘤胃切开术进行治疗，在瘤胃内直接将异物取出来，或者不切开瘤胃，直接将手深入腹腔将异物取出。此时可采用抗生素和磺胺类药物进行辅助治疗，方法是每千克体重青霉素 2 万～3 万单位与链霉素每千克体重 10～15mg，以 0.5％普鲁卡因溶液作溶媒，肌内注射，每天 2 次；或用磺胺二甲嘧啶钠每千克体重 0.15g，加水灌服，每天 1 次，连续使用一周以上；或内服镇痛剂、健胃剂。

疾病发展到晚期阶段，心包或其他器官都受到异物刺激感染，可产生严重的不良后果，可将其淘汰。

第六节　瓣胃秘结

中医称为"百叶干"。前胃迟缓，瓣胃收缩力减弱，食物排出不充分，通过瓣胃的食糜积聚，充满于瓣胃之间，水分被吸收，内容物变干而导致本病。

一、病因

原发性瓣胃秘结是由于长期饲喂干草，特别是含粗纤维的坚韧干草；或饲料和饮水中混有过多泥沙，泥沙沉积于瓣胃瓣叶之间；或饲料质量过差，缺乏蛋白质、维生素及某些必需的微量元素；或饲喂后饮水不够，运动不足，消化不良等不正规的饲养管理引起本病发生。

继发性瓣胃秘结通常伴发于前胃迟缓、真胃阻塞、真胃变位、真胃溃疡、皱胃与腹膜粘连、瓣胃收缩力减弱所致。

二、临床症状

初期前胃迟缓，瓣胃蠕动音减弱或消失，食欲减退，可继发瘤胃鼓气和瘤胃积食，排便干少，色泽暗黑。病羊躲避，表现疼痛。中期随着病程发展，全身症状逐渐加重，反刍消失，精神沉郁，磨牙、虚嚼，瓣胃穿刺感到阻力加大不显现收缩运动，排出少量暗褐色粪便。晚期瓣叶坏死，继发肠炎和全身败血症，病羊体温升高，呼吸和脉搏加快，食欲废绝，排便停止，眼球塌陷，结膜发绀，全身衰弱，卧地不起，直至死亡。

三、防治

(一) 预防

避免给羊过多饲喂秕糠和坚韧的粗纤维饲料，防治导致前胃迟缓的各种不良因素。注意运动和饮水，增进消化机能，防止本病的发生，积极治疗原发病。

(二) 治疗

原则：增强前胃运动功能，促进瓣胃内容物转化与排出。

治疗方法：硫酸镁或硫酸钠 160～200g，加水 3～4L 或液状石蜡 400～1 000mL 或植物油 200～500mL 1 次口服。同时应用 10%氯化钠溶液 20～100mL，20%安钠咖注射液 5～10mL 静脉注射，增强前胃神经兴奋性，促进前胃内容物运转与排除。

重症病例可采用瓣胃内注射疗法治疗，用10％硫酸镁或硫酸钠溶液400～600mL，液状石蜡或甘油100～300mL，普鲁卡因0.5g，氨苄西林钠1g，混合注入瓣胃内，可收到一定效果。

也可采用瓣胃冲洗疗法，即施行瘤胃切开术，用胃管插入网瓣孔冲洗瓣胃。瓣胃孔经冲洗疏通后，病情即可缓解，效果良好。

第七节　前胃迟缓

是指瘤胃、网胃、瓣胃神经感受性降低，平滑肌自动运动性减弱，胃内容物运转迟滞所致的消化障碍综合征，临床特征为食欲不振、反刍、嗳气功能紊乱、胃蠕动减弱或停止，可继发酸中毒。

一、病因

前胃迟缓根据病因分为原发性前胃迟缓和继发性前胃迟缓两种。

原发性前胃迟缓大多是由于饲养管理不当和环境条件改变引起。

(1) 长期饲喂过粗的饲料，如秸秆、稻草、花生秧等含木质素多，质地坚硬难以消化的饲料。

(2) 长期过多给予精料和柔软饲料，如麸皮、面粉、细碎精料等质地柔软饲料。

(3) 饲喂霉变、冰冻、缺乏矿物质、维生素类饲料导致消化机能下降，均可引起本病发生。

(4) 环境条件突然变化，管理混乱。如放牧突然变为舍饲；饮水不足；误食尼龙绳、塑料袋等化纤制品；妊娠、分娩、羔羊离乳、车船运输、天气骤变以及预防接种等应激因素，使胃肠神经受到抑制，消化习惯遭到破坏。

继发性前胃迟缓是患有瘤胃积食、瘤胃鼓气、肠胃炎及其他多种内科病、产科和某些寄生虫时，也会激发前胃迟缓。

本病在冬末春初，饲料缺乏时最为常见。

二、临床症状

前胃迟缓的临床症状有两种类型

（1）急性前胃迟缓　食欲减退或废绝；反刍缓慢或停止；瘤胃蠕动减弱或停止；瓣胃蠕动音稀弱；瘤胃内充满生面团样内容物，内容物腐败发酵，产生大量气体；左腹部增大。

（2）慢性前胃迟缓　精神沉郁，食欲不定，倦怠无力，反刍不规则、无力或停止，嗳气有臭味，瘤胃内容物呈液状，便秘与腹泻交替，被毛粗乱，逐渐消瘦，最终出现鼻镜干燥，眼球下陷，卧地不起等脱水和衰竭体征。

三、防治

（一）预防

改善饲养管理，提供充足的蛋白质、碳水化合物、矿物质、维生素和微量元素，备足全年草料，合理调配饲料，不喂霉败、冰冻、变质饲料，提供良好的环境条件，加强运动，积极治疗原发病，避免突然改变环境条件以及应激性刺激。

（二）治疗

消除病因，缓泻、止酵，兴奋瘤胃的蠕动，采用饥饿疗法，先禁食 1～2 天，每天人工按摩瘤胃数次，每次 10～20min，并给以少量易消化的多汁饲料。

当瘤胃内容物过多时，可投服缓泻剂，口服硫酸镁 20～30g 或液状石蜡 100～200mL。

为加强胃肠蠕动，恢复胃肠功能，可用瘤胃兴奋剂：病初用 10％氯化钠溶液 20～50mL，5％氯化钙注射液 20mL，10％安钠咖 10mL，静脉注射；还可用毛果芸香碱 5～10mg 皮下注射。

为防止酸中毒，可加服碳酸氢钠 10～15g。后期可选用各种健胃剂，如灌服人工盐 20～30g 或用大蒜酊 20mL、龙胆末 10g、豆蔻酊 10mL，加水适量 1 次内服，以便尽快促进食欲的恢复。

第八节　真胃阻塞

真胃堵塞也被称为真胃积食。是由于真胃积聚大量食物并出现堵塞现象，致使真胃消化机能出现严重紊乱的疾病。

一、病因

真胃堵塞的病因并不十分明确，一般与长期采食粗硬难消化的粉碎饲料有关，如花生秸、豆秸、干红薯藤，以及铡得很细的麦秸、稻草等，再加上长期饮水不足、过度劳累和气候变化等，将导致本病的发生。此外，羔羊误食了木材刨花、破布、塑料皮等也可能引发真胃堵塞。本病还可导致小肠堵塞、创伤性网胃炎等疾病。

二、临床症状

真胃堵塞发病比较缓慢，发病初期表现出前胃迟缓症状，患羊可见精神萎靡不振，食欲、反刍减少或消失，饮欲增加，鼻镜干燥。有些病羊虽表现出反刍动作，但口内只有少量液体，并无食团。病羊腹围明显增大，真胃区则可见突出下垂，触诊可感觉到真胃坚实，并产生腹痛等现象。严重堵塞情况下，真胃呈现出椭圆形或梨形轮廓，变化明显，特别是在左侧横卧位时，真胃变化更加突出。瘤胃内存在大量液体，进行冲击式触诊可听到瘤胃发出拍水音。排便次数减少，发病初期可见粪便干燥，之后会有少量黑绿或乌黑的黏稠粪便排出，发出恶臭气味，并可见羊尾根附着污物。

真胃堵塞初期阶段，全身症状变化不明显；后期则出现脉搏、呼吸频率增加，腹围高度明显增大，严重脱水现象，病羊常因身体衰弱而卧地不起，最终因发生心力衰竭和自体中毒而死。

三、防治

（一）预防

加强饲养管理，去除致病因素，定时定量饲喂，供给优质饲料和清洁饮水。科学搭配日粮，给予全价饲料，防止因营养物质缺乏而发生异食，同时保证羊舍、运动场及饲草、饲料的干净卫生，严防异物混入草料中。积极治疗原发病。

（二）治疗

真胃堵塞以真胃内容物的排出和恢复其主动运动功能为治疗原则。

排出真胃内容物的药物治疗方法是：将300～400g硫酸钠（或硫酸镁）溶于1 000～2 000mL水中，加500mL甘油，进行瓣胃内注射或真胃内注射。注射10～12h后，再注射毛果芸香碱或新斯的明。第二天仍未出现排便，可进行第二次注射治疗；若发现第二天排便量增加，可皮下注射0.01～0.02g新斯的明，每天2次，如果真胃功能基本恢复即可停止用药。用以上药物治疗方法没有效果，可通过手术治疗真胃堵塞（真胃切开术或瘤胃切开术）。同时，对于患病羊应加强护理措施，确保充足的饮水，发病期间喂食易于消化的流质饲料，并根据羊的具体症状进行强心、补液、解毒等针对性治疗。

第九节　胃肠炎

羊胃肠炎是胃肠道黏膜发生出血性或坏死性炎症的一种疾病。

一、病因

由于饲料突然改变，或喂给腐败、霉烂变质不良的饲料，冰冻的草料，及引用污浊不洁的水等，至使腐生物与胃肠道的细菌大量繁殖，毒力增强而引起发病。也可见于某些传染病和内科疾病继发胃肠炎，如前胃迟缓、创伤性网胃炎、病毒性肠炎、肠变位、寄生虫病、农药中毒等；另外，由于便秘等腹痛病治疗不及时，或用药不当均可继发胃肠炎。

二、临床症状

临床表现以食欲减退或废绝，体温升高，腹泻，脱水，腹痛和不同程度的自体中毒为特征。早期病羊多呈急性消化不良症状，后转化为胃肠炎。患羊食欲废绝，口臭，有黄白舌苔，腹痛，腹泻，粪呈水样，恶臭，有时粪中混有黏液、血液及坏死组织片。脱水严重，少尿，眼球下陷，皮肤弹性降低。病羊迅速消瘦，腹围变小，脉搏极度微弱，精神沉郁，四肢冰凉，昏睡，最后因全身衰竭死亡。

三、诊断

根据发病史和临床症状可作出初步诊断。必要时取粪便进行寄生虫和细菌化验，查明胃肠炎病因。

四、防治

(一) 预防

要加强饲养管理，供给优质草料，洁净饮水，消除各种导致胃肠炎的病因。发现羊有消化不良时要及时治疗。慎重使用各种抗生素。

(二) 治疗

早期单纯消化不良，可灌服酶制剂如胃蛋白酶 1g 溶于 150mL

凉开水饮用以促进消化。药用炭 7g,水杨酸苯酯 2~4g,次硝酸铋3g,加水 1 次灌服;也可用青霉素每千克体重 2 万~3 万 IU 与链霉素 10~15mg/kg(按体重),每天 1 次肌内注射,连用 5 天。

脱水严重时,要补液、解毒,可用 5% 葡萄糖 150~300mL、维生素 C100mg 混合,静脉注射,每天 1~2 次。氨苄西林钠20mg/kg(按体重),溶解于生理盐水 100~200mL 中,静脉注射,每天 1 次。

哺乳羔羊可用鞣酸蛋白 1.5g,硅碳银 8g,活性炭 4g,混合研磨,分成 4 包,一天服完,应在 2 次哺乳之间服药,以免乳汁影响药效。

第十节 肠痉挛

羔羊肠痉挛是因羔羊受气候突变影响或受风雪、冰雹、暴雨突然侵袭而使肠平滑肌发生痉挛性收缩,出现间歇性疼痛的疾病。本病多发于羔羊哺乳期。

一、病因

寒冷刺激是本病发生的主要原因。冬、春季节羔羊受气候突变影响或受风雪、冰雹、暴雨突然侵袭而发病。母羊乳汁不足或品质不佳,羔羊处于饥饿或半饥饿状态时也可引起本病发生。

二、临床症状

羔羊突然发病,病羊体温正常或偏低,耳鼻及四肢冰凉,结膜苍白,口吐清涎水。轻症者,肠痉挛多表现弓背、卧地、腹泻、回头顾腹、打滚等,有的亦做排尿姿势;严重腹痛时,病羊急起急卧,匍匐不起,四肢蹬直或转圈,咩叫不已。腹部听诊胃肠蠕动增强,有时腹部胀满,下痢排稀粪。疼痛停止后羔羊恢复健康。

三、诊断

根据病史和临床症状，即可诊断。

四、防治

(一) 预防

加强母羊和羔羊的饲养管理，注意羔羊保暖，避免寒冷刺激，防止受寒，尽量避免羊只奔跑抢料和饮冰冷水。禁止用酸败、发霉、冰凉的饲料饲喂羔羊。

(二) 治疗

本病的治疗原则是镇痛解痉和注意保暖。

镇痛解痉：预防时可用清热健胃散，每头羊每次 20～50g，拌入饲料中口服或灌服。

注意保暖：可用姜酊 10mg 或茴香酊 10mg，加适量温水口服。用 2％普鲁卡因 2ml、10％硫酸镁 10mL，1 次静脉注射。

第十一节　支气管炎

支气管炎是支气管黏膜表层或深层的炎症，常以重剧咳嗽及呼吸困难为特征，多发生于冬春两季。根据病程可分为急性和慢性两种。

一、病因

急性支气管炎主要见于受寒感冒，支气管黏膜下的血管收缩，黏膜缺血而防御机能降低时，易感染本病。如雨淋、夜间气温骤降、寒冷冬季、早春晚秋气候多变、长途运输引起的感冒而发生本病。吸入含有刺激性的物质，如氨气、二氧化硫、浓烟、尘埃、霉菌孢子等，刺激支气管黏膜而发生炎症；吞咽障碍，食物、药物进入气管，刺激黏膜，发生炎症，也可引起本病。本病也可继发于喉、气管、肺的疾病或某些传染病（如：口蹄疫、羊痘等）与寄生虫病（肺丝虫）。

慢性支气管炎常由急性支气管炎的病因未能及时除去延续而来，或继发于全身及其他器官疾病。

二、临床症状

急性支气管炎主要症状是咳嗽。病初无炎性渗出物，呈干、短并带疼痛的咳嗽，随着炎性渗出物的增多，变为湿性长咳，疼痛减轻，有时咳出痰液，同时鼻腔或口腔排出黏性或脓性分泌物。胸部听诊，肺泡呼吸音增强，并可出现干啰音和湿啰音。病情严重时，体温升高 $1\sim2℃$，呼吸急促，呈呼气性呼吸困难，可视黏膜呈蓝紫色，有弱痛咳。胸部听诊肺泡音增强，可听到干啰音、捻发音及小水泡音。

慢性支气管炎也是以咳嗽、流鼻涕、气管敏感和肺部啰音为特征。体温正常，无全身变化。由于病期拖长和反复发作，病羊日渐消瘦和贫血，直至极度衰竭而死亡。

三、诊断

根据病史，结合咳嗽、流鼻涕和肺部出现干、湿啰音等呼吸道症状即可作初步诊断。有条件的可通过 X 线检查为确诊本病提供依据。

四、防治

(一) 预防

要加强饲养管理，羊舍冬季注意保暖，初春注意防寒，防止淋雨，长途运输过程中防止吹风感冒。

（二）治疗

抗菌消炎、祛痰止咳为原则。抗菌消炎的药物有很多，如硫酸庆大霉素、硫酸卡那霉素、盐酸林可霉素、氟苯尼考、青霉素、硫酸链霉素、磺胺类药物等。镇咳祛痰药物也可选用氯化铵、酒石酸锑钾、杏仁水、甘草合剂等。此外，也可使用中药加味麻杏石甘汤（麻黄 3g、杏仁 2g、生石膏 20g、二花 6g、连翘 6g、黄芩 5g、知母 5g、元参 5g、生地 5g、麦冬 5g、花粉 5g、桔梗 4g，共研磨后加蜂蜜 50g 为引，加开水待凉灌服），有一定效果。

第十二节　白肌病

羔羊白肌病又称为羔羊肌营养不良症，是导致骨骼肌和心肌变性，并发生运动障碍和急性心肌坏死的营养缺乏症。

一、病因

本病既非传染病，又非遗传性疾病，目前一般认为主要是由于缺乏维生素 E 和微量元素硒所引起。当饲料中硒和维生素 E 的含量不足时，就可能发生硒-维生素 E 缺乏症，羔羊易发生，俗称羔羊白肌病。

二、临床症状

羔羊多在出生数周或 2 个月后出现病症。临床上主要表现为精神萎靡，运动障碍，卧地不起，站立时肌肉颤抖。严重的一出生就全身衰竭，不能自行站立，营养状况较差。体温多成正常状态，心跳加速，可达 200 次/分以上，呼吸浅而快，达 80～90 次/分。有的还发生结膜炎，角膜混浊、软化，甚至失明。心区听诊可听到间歇性节律不齐,有些病羔有舒张期杂音。少数病例伴发下痢。有些病羊不表现临床症状,在运动或采食时突然倒地死亡。羔羊白肌病常呈地方性流行。生长发育越快的羔羊,越易发病,且死亡越快。

三、诊断

根据临床症状可做初步诊断,通过实验室检测病羔的血清谷草转氨酶超过 200U/mL,血清肌酸、磷酸转移酶和乳酸脱氢酶均有增加,补加维生素 E 到不全价的饲料中,可以降低乳酸脱氢酶的含量。即可确诊。

尿中含有大量肌酸,也可作为临床诊断的重要根据之一。

四、防治

(一)预防

加强饲养管理,合理加工、贮存饲料,饲喂全价配合日粮、青草和优质干草。特别是妊娠母羊的饲养管理,在产羔前补充硒、维生素 E 等。对于缺硒地区可在饲料中适当添加一些亚硒酸钠和维生素 E。有条件的可投放缓释硒丸。

(二)治疗

可采用 0.2%亚硒酸钠 2mL,肌内注射,每月 1 次,连续使用 2 次。同时辅助应用氯化钴 3mg、硫酸铜 8mg、氯化锰 4mg、碘盐 3g,水溶后内服,若再结合肌内注射维生素 E 注射液 300mg,疗效更佳。

第十三节　食毛症

羔羊食毛症,主要是由母羊和羔羊饲料中的矿物质和维生素不足,尤其是钙和磷的不足;羔羊缺乏必需的蛋白质;羊群过于拥挤；羔羊受虱、蜱叮咬，啃咬叮咬处食入绒毛等因素所引起。绵羊食毛症是绵羊羔羊的一种代谢紊乱性疾病，表现为喜欢舔食羊毛。由于食毛过多，影响消化，甚至并发肠梗阻造成死亡。

一、病因

羔羊食毛症的病因有三个方面：

（1）饲料原因　主要是母羊或羔羊饲料中钠、铜、钴、钙、铁、硫等缺乏；钙、磷不足或比例失当；长期饲喂酸性饲料；缺乏必需的蛋白质。

（2）环境及管理因素　羊舍拥挤，饲养密度过大，饲养环境恶劣，羊群互相舔食现象严重。圈舍采光严重不足，运动场狭小，缺乏户外运动，降低了维生素 D 的转化能力，严重影响钙的吸收。

（3）寄生虫病因素　药浴不彻底，或患疥螨严重的引起脱毛，羊只互相啃咬羊毛。

二、临床症状

羔羊突然啃咬和食入自己及母羊的毛，羔羊之间也可能互相啃咬被毛。一般是晚间入圈时啃食较严重，早晨出圈时也可以看到啃吃羊毛的现象。起初只见少数羔羊吃毛，以后可迅速增多，甚至波及全群。吃下去的毛常在肠道形成大小不同的毛球，使羔羊发生消化不良或便秘，逐渐消瘦和贫血；毛球造成肠梗阻时，引起食欲废绝、腹痛、胀气、腹膜炎等症状，最后心脏衰竭而死。

三、诊断

根据临床症状、病理变化和病史可作出初步诊断。诊断过程中，应注意与佝偻病、异食癖或螨虫病进行区别诊断，因为这些疾病也可能造成食毛或体表局部发生脱毛现象。

四、防治

(一) 预防

要加强母羊的饲养管理，改善饲料质量。加强羊的运动。羔羊要供给富含蛋白质、维生素及微量元素的饲料，饲料中的钙、磷比例要合理，食盐要补足，也可提供富含营养的舔砖供羊群舔啃。及时清理圈内羊毛，加强羔羊的卫生管理，防止羔羊互相啃食羊毛。

(二) 治疗

本病无特效的治疗方法。

给羔羊补喂动物性蛋白质，如鸡蛋，每 5 只羔羊每天喂 1～2 枚鸡蛋，连蛋壳捣碎，拌入饲料内或放入奶中饲喂。喂 5 天，停 5 天，再喂 5 天，有制止继续吃毛的作用。也可采用蛋氨酸等含硫氨基酸防治本病。

食用盐 40 份、骨粉 25 份、碳酸钙 35 份，进行充分混合，掺在少量麸皮内，置于饲槽中，任羔羊自由舔食。

给瘦弱的羔羊补给维生素 A、维生素 D 和微量元素，特别是有舔食被毛的羔羊应重点补喂。

病情严重的可用手术方法切开真胃，取出毛球。

第十四节　异 食 癖

异食癖是指羊喜欢吃非食用品。

一、病因

饲喂肉羊的饲料单一，饲草营养片面和营养缺乏，特别是缺乏蛋白质、矿物质和维生素，是导致羊发生异食癖的主要原因。如在冬春季节，肉羊主要以农作物、秸秆、晒干干草等粗饲料为主要饲料，精饲料补喂不足，且青饲料缺乏，加之矿物质、维生素补喂不足，满足不了肉羊生长发育的需要，肉羊即会发生异食癖。此外，羊体内寄生虫严重，掠夺性吸取了羊的营养，也会引起羊异食癖。

二、临床症状

发病轻微的，一般在临床上不表现症状，仅见羊喜舔食墙壁、食槽、地皮，啃食泥巴、塑料薄膜等现象。严重时羊食欲极差，身体消瘦，眼球下陷，被毛粗糙，精神不振，生长发育不良。

三、诊断

根据临床症状可做出诊断。

四、防治

(一) 预防

加强饲养管理，合理调配日粮，禁止饲喂营养单一的饲料，饲料要保证足够的蛋白质、矿物质和维生素，肉羊饲喂过程中要特别注意蛋白质的补充。定期驱虫，也会降低本病的发生。

(二) 治疗

一般羊发生异食癖，在改善对羊群的饲养管理的条件下，注意各种饲料的合理搭配，保障羊对蛋白质、矿物质和维生素的需要，其羊的异食癖现象即可得到消除，但对羊发生较为严重的异食癖现象且影响到生长发育的建议淘汰处理。

第十五节　佝　偻　病

佝偻病也称小羊骨软症、弯腿症，是羔羊在生长发育过程中，因维生素 D 缺乏及钙磷代谢障碍而引起的骨营养不良性疾病。

一、病因

本病发生主要是由于饲料中维生素 D 的含量不足，导致羔羊体内维生素 D 缺乏，直接影响钙、磷的吸收和血液内钙、磷的平衡。此外，即使维生素 D 能满足羔羊的需要，但母乳及饲料中钙、磷比例不当或缺乏，以及多原因的营养不良，也可诱发本病。

二、临床症状

病羊表现食欲不振，有异食癖，喜卧，起卧缓慢，生长缓慢，步态僵硬，并出现跛行症状。有时也表现下痢或便秘。随着病情的发展，四肢骨骼变形，形成 O 形腿。触摸病变部位有压痛感。到晚期病羊不能行走，关节着地或爬行，最终衰竭而死。

三、诊断

根据临床症状可做出初步诊断，必要时可抽血进行血钙、血磷测定，可予以确诊。

四、防治

(一) 预防

防治佝偻病的关键是保证机体获得充足的维生素 D 和饲料中钙、磷的含量及比例，怀孕母羊和泌乳母羊应按需求量补充维生素 D，饲喂含丰富蛋白质的饲料，保证冬季获得足够的日光照射。舍饲的育肥羊应增加运动和日照时间，也可定期利用紫外线照射，补充矿物性饲料和鱼肝油，饲料中钙磷比例控制在（1.2~2）∶1。羔羊饲养更应注意，有条件时应喂给干苜蓿、胡萝卜、青草等青绿多汁的饲料，并按需要量添加食盐、骨粉和各种微量元素。

（二）治疗

用维生素 AD 滴剂，成年羊 2～4mL，羔羊 0.5～1mL 口服，每天 1 次，连用 3～5 天；或维生素 AD 注射液，成年羊 2～4mL，羔羊 0.5～1mL，肌内注射，每周 1 次，连用 3～5 周。

第十六节　维生素 A 缺乏症

羊维生素 A 缺乏症是维生素 A 或其前体胡萝卜素缺乏所引起的羊营养代谢性疾病。典型特征为脑脊髓功能不全、生长发育缓慢、夜盲症、机体繁殖功能障碍等。

一、病因

本病的发生是由于饲料中缺乏胡萝卜素或维生素 A；饲料调制加工不当，使其中脂肪酸变质，加速饲料中维生素 A 类物质的氧化分解，导致维生素 A 缺乏。脂肪不足会影响维生素 A 类物质在肠中的溶解和吸收。因此，当蛋白质和脂肪不足时，即使在维生素 A 足够的情况下，也可发生功能性的维生素 A 缺乏症。此外，慢性肠道疾病引起的肝脏病变时，也易继发维生素 A 缺乏症。

二、临床症状

本病的早期症状是夜盲症，早晨、傍晚光线不足时，病羊盲目前进，行动迟缓，共济失调，后躯瘫痪。眼里分泌一种浆液性分泌物，随后眼角膜呈云雾状，有畏光症状。皮肤干燥，脱屑，皮炎，脱毛、蹄、角生长不良。公羊精液品质不良。母羊发情紊乱，受胎率下降，流产，早产，死胎。胎儿发育不全，先天性缺陷，羔羊生命力低下，易患支气管炎、肺炎、胃肠炎等。

三、诊断

根据临床症状可做出初步诊断。必要时可检查血浆中的维生素A，若含量下降可确诊。

四、防治

(一)预防

舍饲羊应保证充足的运动量。防止饲料过热、发霉和氧化，以保证维生素A不被破坏。保证饲料中含有丰富的蛋白质和脂肪。在冬季饲料中要有青贮饲料或胡萝卜，秋季贮存的干草要绿；长期饲喂枯黄干草时应适当加入鱼肝油。

(二)治疗

维生素A胶囊2.5万～5万单位，口服，每天1次，连用3～5天；或鱼肝油10～30mL，口服，每天1次，连用3～5天。

第十七节 尿 结 石

羊尿结石症是矿物类结晶在肾盂、膀胱、输尿管、尿道等处生成，刺激泌尿器官黏膜出血或阻塞尿道、输尿管，造成羊排尿困难，泌尿器官发生炎症的疾病。本病主要发生于公羊，母羊很少发病。

一、病因

结石形成一般与以下因素有关：

(1)饲料因素 不科学的饲料搭配是诱发尿结石症最重要的因素。在生产实际中饲料搭配不良，营养不平衡是最常见的情况。在生产中为了加速羔羊的育成从而长期饲喂高钙、低磷和高硅、高磷的饲料，造成钙磷比例严重失调，一般来说，钙、磷的比例应维持2：1，不低于1：1。

(2) 喂食三叶草　三叶草富含丰富的钙和草酸，但磷的含量低，容易发生草酸钙结石。大量采食甜菜叶也会形成草酸钙结石。

(3) 饮水不足　饮水不足是尿结石形成的另一重要原因。饮水量不足时，尿液中某些盐类浓度增高，同时由于尿液黏稠，尿中的黏蛋白浓度升高，黏蛋白也是引起尿结石的一个因素，黏蛋白作为结石的母体，尿中的含量增加到一定浓度，就会形成尿结石。

(4) 维生素A的缺乏　导致尿路上皮组织角质化，从而促进了尿结石生成。

(5) 长期饲喂有毒饲料或药物　长期饲喂棉籽饼、霉变饲料、庆大霉素或卡那霉素等，引起羊肝脏、肾脏的损害，同时造成肾和尿路感染，肾和尿路感染时，脱落的上皮及炎性反应产物增多，促进尿结石的生成。

(6) 阉割过早　阉割也会对羊引发尿路结石有一定的影响，公羊的尿道在结构上呈现为一条又细又长的管子，同时还有S状弯曲及尿道突，过早的阉割导致有关性激素缺乏，从而影响到阴茎和尿道的发育，致使尿道的直径小，更容易发生尿道结石。

(7) 遗传因素　尿结石的生成也与遗传因素有关。

二、临床症状

尿结石常因发生部位不同而症状也有差异。尿道阻塞或不完全阻塞，引起尿闭、尿痛、尿频时，才被发现。病羊排尿努责，痛苦哞叫，尿中混有血液。尿道结石能引起膀胱肿胀，进而腹部膨大，最终可致膀胱和尿道破裂，还可以引起腹部水肿。膀胱结石在不影响排尿时，不显临床症状，常在羊死后剖检时才被发现。肾盂结石有的生前不表现临床症状，而在死后剖检时，才被发现有大量的结石。肾盂内的结石进入输尿管，引起输尿管阻塞，致使肾盂扩张，可使羊发生腹痛症状。当尿闭时，常可发生尿毒症。

剖检可见肾脏及输尿管肿大而充血，甚至有出血点。膀胱因积尿而膨大，剖开时有大小不等的颗粒状结石，黏膜上有出血点。尿道及膀胱颈被结石堵塞。

三、诊断

可根据饲料成分，饮水来源情况及饲养方法，结合临床症状可做初步诊断，确诊可采用 X 线、B 超检查。

四、防治

(一) 预防

合理调配饲草饲料，尤其是饲料中钙、磷、镁的平衡。当饲喂大量谷皮饲料时，应适当地增加豆科牧草或豆科干草的饲喂量。注意限制饲料中精料饲喂量，保证维生素 A 的供给。

在饲喂中要保证有充足的饮水量，以稀释尿液中盐类的浓度，降低其析出沉淀的可能性。平时应适当地增加多汁饲料的饲喂量。饮用新鲜、干净的饮水、夏季使用凉水和冬季使用温水均会增加饮水量；合理布置饮水点并经常更换饮水也能增加饮水量；适当的补充氯化钠可以增加羊群的饮水欲，从而达到稀释尿液，减少对泌尿器官的刺激，并保持尿中胶体与晶体的平衡，从而预防尿结石的生成。

不要过早的给公羊去势。

通过观察羊群的动态以了解它们的健康状况。如果发现有羊只表现为患有尿结石的某些症状或是某些泌尿器官炎性疾病时，要及时医治，以免出现尿潴留。

适当的增加运动量可以加速羊的血液循环，有利于尿液中的异物随尿液排出，减少了异物在尿道里停留、聚集形成结石阻塞尿道的可能性。

（二）治疗

本病的治疗原则是消除结石，控制感染，对症治疗。舍饲羊发生本病且症状严重时，建议淘汰。

当有尿结石可疑时，可以通过改善饲养，给予病畜流体类饲料和大量饮水，症状轻微的可投服利尿剂形成大量稀释尿液，以冲淡尿液晶体浓度，减少析出并防止沉淀。临床治疗方法有：

1. 药物治疗　当发现有轻微尿结石症状、尿道没有完全堵塞的病羊时，用乙酰丙嗪每千克体重 0.03～0.1mg，配合使用氟胺盐酸甲葡胺每千克体重 1～2mg 静脉注射，可以缓解尿道平滑肌痉挛及松弛阴茎肌的收缩，减少尿道的膨胀和炎症。也可以采取给予大量饮水，和液体饲料，同时投服利尿药和消炎药的方法。

2. 水冲洗　将导尿管消毒，涂擦润滑剂，缓慢插入尿道或膀胱，注入消毒液体，反复冲洗。此方法适用于粉末状或沙粒状尿结石。

3. 手术治疗　一旦尿结石生成，并形成堵塞，多数采用尿道切开术进行治疗。将羊保定在手术台上，然后对患羊进行麻醉，麻醉可以选择用鹿眠灵做全身麻醉，接着是对手术部位进行剪毛，按照常规的外科手术进行消毒处理。沿着阴茎做一个 5cm 左右的纵向切口使阴茎暴露，将阴茎拉出，找到结石聚集处并做一纵向切口，将尿道切开，将结石除去，然后用手按压膀胱处，如果有尿液流出，就表示手术成功。然后对术部消毒并撒长效抗生素，按正常的外科手术方法将刀口缝合，在尿道中插入导尿管并固定，四天后拔出。术后要注意术部的护理并给予病羊充足的饮水，静脉滴注抗生素药物。

4. 中药疗法　一般多用排石汤：海金沙、鸡内金、石苇、海浮石、滑石、瞿麦、扁蓄、车前子、泽泻、生白术。中药对治疗羊不完全尿路阻塞效果显著，对症状严重的患病羊只也有一定的效果。

第十八节 痛 风

痛风是一种由于嘌呤生物合成代谢增加，尿酸产生过多或因尿酸排泄不良而致血中尿酸升高，尿酸盐结晶沉积在关节滑膜、滑囊、软骨及其他组织中引起的反复发作性炎性疾病。临床特点是：高尿酸血症、特征性急性关节炎反复发作，在关节滑液内可找到尿酸钠结晶，关节的痛风石形成后，可导致关节活动障碍。

一、病因

长期饲喂大量富含核酸蛋白质的食物，如豆粕，花生粕等。

服用大量对肾脏有伤害的药物，造成肾脏机能障碍，如利尿剂（呋塞米、依他尼酸等）；喹诺酮类药物（诺氟沙星、环丙沙星、氧氟沙星等）；氨基糖苷类药物（庆大霉素、链霉素、新霉素等）；其他药物（维生素C、阿司匹林等）。

饲料中缺乏维生素A、维生素D，矿物质含量配比不当，也易诱发此病。

由于某些传染病、寄生虫病、中毒病等导致肾脏机能障碍后继发此病。

运动量少，过度肥胖也可诱发本病。

二、临床症状

早期无明显临床症状，随着病情的发展，个别羊开始出现跛行，关节肿胀，触碰有疼痛感。严重时四肢关节肿胀，关节间隙变窄，因疼痛不能正常运动而影响采食，最终衰竭死亡。

三、诊断

可通过临床症状、X线拍摄、血液检查进行诊断。

四、防治

(一)预防

加强饲养管理,合理饲喂饲料,限制饲料中精料饲喂量,尤其是高蛋白质饲料。饲喂富含维生素A、维生素D及矿物质的饲料,保证充足饮水。合理安排羊的运动。禁止长期、大量使用药物(尤其是利尿药、喹诺酮类药物)。定期驱虫,做好防疫。

(二)治疗

重症羊口服秋水仙碱2片/次,早晚各1次。同时补液,补充体内水分、葡萄糖、维生素、电解质,调节体内酸碱平衡,降低血液中尿酸浓度。静脉注射5%葡萄糖水500mL、10%氯化钾5mL、维生素$B_6$0.2g;5%碳酸氢钠100mL。

疼痛症状缓解后在每天口服抑制尿酸合成药:别嘌醇,每次50mg,连用5天,早晚各1次。5天后改为1次/天,10天后改为每天25mg,连用20天,症状消失后做血液检查,尿酸值恢复正常可停药;如偏高,继续口服直至尿酸值恢复正常为止。

中医疗法可使用苍术、黄柏、薏苡仁、牛膝、木瓜、青黛、滑石、知母、鸡血藤、当归、赤芍、草薢,按照羊病情及体重合理用药,服用一月后,改用三妙丸(炒苍术、炒黄柏、牛膝)。

治疗期间禁食或限制食用高嘌呤食物如豆制品,给予充足饮水,饲喂富含维生素A和低蛋白的食物。合理安排羊的运动,让其逐渐增加运动量,让损伤的关节能尽快恢复。

舍饲羊发生本病且症状严重时,建议淘汰。

第十九节　创　　伤

创伤是指机械性因素对羊造成的组织或器官的损伤和破坏。

一、病因

引起创伤的原因很多，尖锐物体的刺入，刀类、铁片、玻璃片等切割，车辆的冲撞、碾压，滑倒，或被犬咬伤等引起的损伤。

二、临床症状

新鲜创主要有刀创、砍创、挫创、撕裂创、刺创、擦创、家畜咬伤等。新鲜创的特征为创口开裂、出血、疼痛。通常创口越大，创伤越深，引发感染的可能性越大，愈合也比较缓慢，血管受损伤也比较严重。出血的多少主要取决于受伤部位和创口大小、深浅等因素。通常情况下，毛细血管和小静脉出血，可实现自然止血。毛细血管出血时，会由整个伤口渗出血液。动脉出血时，可见血液颜色鲜红，出血量多，呈线状喷射而出，自然止血比较困难。静脉出血时，血液颜色暗红，止血比较容易。大静脉出血时，止血比较困难。重度创伤可引发不同程度的全身症状。

化脓感染创是指细菌大量侵入创口内，导致化脓性炎症的创伤。葡萄球菌和链球菌是引发创口化脓感染的主要菌种，由绿脓杆菌和大肠杆菌引发的创口感染并不多见。化脓性感染创的化脓期，可观察到创缘、创面发生肿胀，疼痛，局部温度上升，创口可不断流出脓汁或在创口周围堆积成脓疤。较浅的创伤，可随着急性炎症的消失，逐渐减少或停止形成脓汁。创口小但创腔深或创口内有异物的情况下，创囊可能发生脓肿或导致周围组织形成蜂窝组织炎。化脓性炎症有时会出血，并伴随体温上升，发展到一定程度，随着炎症消退，脓液减少，创口将重新长出粉红色颗粒状的肉芽组织，以对创腔进行填充，接着创口处会形成疤痕并逐渐愈合。创伤得不到及时治疗，可导致病羊出现全身症状，严重情况下可引发败血症。

三、防治

（一）预防

加强饲养管理，合理分群，防止羊被撞伤、打伤、顶伤、咬伤、摔伤等，发生意外及时救治。

（二）治疗

新鲜创的治疗。第一步先行止血，采取压迫、钳夹、结扎等止血方法，然后清创、消毒。第二步用消毒纱布覆盖创面，对创围剪毛、清洗、消毒并清理创腔。使用的药物主要有 0.1％苯扎溴铵、0.1％高锰酸钾、2％碘酊等。第三步在创内涂撒抗菌消炎药，缝合包扎。必要时辅助肌内注射抗生素进行消炎治疗，直至愈合为止。

化脓疮的治疗。清除创内坏死组织和异物，加速炎症净化，保证脓汁排出通畅，防止转为全身性感染。可选用 2％过氧化氢溶液清洗化脓疮，而后用雷夫诺尔纱布条引流。必要时要肌内注射抗生素进行消炎处理。

肉芽创的治疗。肉芽创的治疗原则是促进肉芽组织生长，保护肉芽组织不受损伤和继发感染，加速上皮新生，防止肉芽赘生，促进创伤愈合。选择刺激性小，促进肉芽组织生长的药物（如红霉素软膏、金霉素软膏等），调制成流膏、油剂、乳剂或软膏使用。当肉芽组织赘生时，可选用硫酸铜腐蚀处理。

第二十节　脓　　肿

在任何组织或器官内形成外有脓肿膜包裹，内有脓汁潴留的局限性脓腔时称为脓肿。它是致病菌感染后引起的局限性感染过程，如果在解剖腔内（胸膜腔、上颌窦、关节腔、鼻窦）有脓汁潴留时则称之为蓄脓，如关节蓄脓、上颌窦蓄脓、胸膜腔蓄脓等。

一、病因

引起脓肿的致病菌主要是葡萄球菌，其次是化脓性链球菌、大肠杆菌、绿脓杆菌和腐败性细菌。当静脉内注射水合氯醛、氯化钙、高渗盐水及砷制剂等刺激性强的化学药品时，如将它们误注或漏注到静脉外也能发生脓肿；有的是注射时不遵守无菌操作规程而引起的注射部脓肿；也有的是由于血液或淋巴液中的致病菌由原发病灶转移至新的组织或器官内所形成的转移性脓肿。

二、临床症状

按脓肿发生的部位分为浅部脓肿和深部脓肿。

1. 浅部 脓肿表现为局部红、肿、热、痛及压痛，继而出现波动感。

2. 深部 深部脓肿常发生于深层肌肉、肌间、骨膜下、腹膜下及内脏器官。触诊时有疼痛反应，波动不明显，穿刺时可抽出脓汁。深部脓肿未能及时切开，脓汁自行破溃，严重时可能引起败血症。

三、诊断

有急性化脓性感染病史，根据局部红肿疼痛且有波动感，穿刺有脓液，全身症状有发热、乏力等临床症状，可做初步诊断。实验室诊断中白细胞计数高。怀疑深部脓肿，经 B 超检查可见液性暗区进行确诊。

四、防治

(一)预防

为了避免本病的发生，病羊在需要静脉注射时要请专业兽医进行操作，遵守无菌操作规程，在静脉注射水合氯醛、氯化钙、高渗盐水及砷制剂等刺激性强的化学药品时，应防止误注、漏注到静脉外，避免本病发生。

（二）治疗

及时切开引流，切口应选在波动明显处，切口应够长，并选择低位，以利于引流。深部脓肿，应先行穿刺定位，然后逐层切开。术后及时更换敷料。全身应选用抗菌消炎药物治疗。伤口长期不愈合者，应查明原因。

第二十一节　流　　产

羊流产是指母羊在妊娠过程中受到的多种原因影响导致妊娠终止，其表现为早产、死胎或胎儿被吸收。

一、病因

羊常见流产的原因有：由于传染病引起的流产，如布鲁氏菌、衣原体病等；由中毒引起流产，如饲喂霉变饲料；由于饲养管理不当引起的流产，如母羊消瘦，长期营养不良；母羊肥胖，缺乏运动；日粮中缺乏无机盐、微量元素和维生素；饲喂冰冻饲料或冰水。

二、临床症状

一般没有明显的全身症状，只见少量胎衣附着在阴户外，不易排出。经 1～2 天后，停滞的胎衣开始腐败分解，从阴道排出污红色的恶臭液体。若腐败分解产物被子宫吸收，可导致母羊出现败血症，此时患羊表现体温升高、精神沉郁、食欲减退等全身症状。

三、防治

（一）预防

引起流产的原因是多种多样的，各种流产的症状也有所不同，除了个别病例的流产在刚一出现症状时可以试行抑制外，大多数流产一旦有所表现，往往无法阻止。尤其是大型羊场，流产常常是成批发生，因此在发生流产时，要及时采用适当治疗方法，制止流产的发生，当制止无效时应尽快促使死胎排出，以保证母羊及其生殖道的健康，还应对整个羊群的情况进行详细调查分析，检查排出的胎儿及胎膜，必要时采样并进行实验室检查，尽量做出确切的诊断，然后提出有效的具体预防措施。

调查材料包括饲养条件及制度，是否受过伤害、惊吓，流产发生的季节及气候，母羊是否发生过普通病，羊群中是否出现传染性及寄生虫疾病。治疗情况如何，流产时候的妊娠月份，母羊的流产是否带有习惯性。

（二）治疗

布鲁氏菌病引起的流产，要按照《布氏杆菌病防治技术规范和应急预案》进行处置。

对习惯性流产母羊，在配种后 1 次肌内注射促黄体素 $50\sim100U$，或在配种后 1 周注射孕酮 $5\sim10mg$，每天 1 次，连用 $2\sim3$ 天。

发现母羊表现不安，阴道内流出少量黏液，但子宫颈尚未张开，胎儿仍活着时，应迅速肌内注射孕酮 $5\sim10mg$（每天 1 次，连用 $2\sim3$ 天）保胎。

如母羊努责强烈，可肌内注射 1% 硫酸阿托品 $0.5mL$，然后把母羊放在安静棚圈内观察。

如母羊子宫颈口已经张开，应立即设法使胎儿排出，并按子宫内膜炎进行治疗。

当胎儿发生干尸化或腐败分解时，应促其排出，可注射己烯雌酚 5～10mg 或苯甲酸雌二醇 2～3mg，每天 1 次，连用 2～3 天，待子宫颈松软张开后，用产科钳扩张子宫颈管，慢慢取出干尸胎儿或骨片，再用 0.1％高锰酸钾溶液冲洗子宫，最后在子宫内加入抗生素或磺胺类药物消炎防腐。如排除有困难，应采取其他方法取出（如剖宫产手术）。

中药治疗宜用胶艾四物汤：当归 6g，熟地 6g，川芎 4g，黄芩 3g、阿胶 12g，艾叶 9g，菟丝子 6g，共研末用开水调，每天 1 次，灌服两剂，进行保胎。

第二十二节　乳 房 炎

乳房炎是各种病因引起的乳房炎症，多见于泌乳期的绵羊、山羊。

一、病因

本病多见于挤奶技术不熟练、损伤乳头、乳腺；或因挤奶工具不卫生，使乳房受到细菌感染所致。也可见于某些传染病过程中。

二、临床症状

因临床症状不同，羊乳房炎可分为如下三种类型：

1. 隐性乳房炎　母羊在临床上无任何症状，乳汁也没有肉眼可见的变化，但乳汁易变质。

2. 急性乳房炎　乳房肿大、发热、发红、变硬、疼痛。挤奶不畅或挤出絮状、带脓血乳汁，有的挤出水样乳汁。此外，还有体温升高、食欲减少症状，严重的还会导致败血症而死亡。

3. 慢性乳房炎　一般无明显的全身症状，只有乳房局部肿大变硬，同时会挤出带颗粒状或絮状凝乳块羊奶。

三、诊断

根据临床症状和病理变化可作出初步诊断。隐性乳房炎需对乳汁进行化验才能确诊。

四、防治

(一)预防

加强饲养管理,枯草季节要适当补喂草料,避免严寒和剧烈暴晒,杀灭蚊虫,乳用羊要定时挤奶,一般每天挤奶 3 次为宜,产奶特别多而羔羊吃不完时,可人工将剩奶挤出和减少精料,分娩前如乳房过度肿胀,应减少精料及多汁饲料。

搞好卫生,定期清扫消毒羊圈,保持圈舍干燥卫生,挤奶时用温水洗净乳房及乳头,再用干毛巾擦干,挤完奶后,用 0.05% 新洁尔灭浸泡或擦拭乳头,对病羊要隔离饲养,单独挤乳,防止病原扩散。

保护乳房,防止母羊乳房受伤,做好分群和断奶工作,怀孕后期停奶要逐渐进行,停奶后将抗生素注入每个乳头管内。

定期检疫,化验乳汁,检出病羊,积极治疗。

(二)治疗

病初可用青霉素 40 万单位、0.5% 普鲁卡因溶液 5ml,溶解后用乳房导管注入乳孔内;然后轻揉乳房腺体部,使药物分布于乳腺中;或应用青霉素普鲁卡因溶液进行乳房基部封闭;也可应用磺胺类药物。

为了促进炎性渗出物吸收和消散,除在炎症初期冷敷外,2~3 天后可施热敷,用 10% 硫酸镁水溶液 1 000mL 加热至 45℃,每天外洗热敷 1~2 次,连用 4 次。

中药治疗,急性者可用当归 15g、生地 6g、蒲公英 30g、二花

12g、连翘 6g、赤芍 6g、川芎 6g、瓜蒌 6g、龙胆草 12g、山枝 6g、甘草 10g、共研细末，开水调服，每天 1 剂，连用 5 天。也可煎水灌服。

对脓性乳房炎及开口于乳池深部的脓肿，向乳房脓肿内注入 0.1％～0.25％雷夫奴尔液。用 3％过氧化氢溶液，或用 0.1％高锰酸钾溶液冲洗消毒脓腔，引流排脓。必要时应静脉注射抗生素来消炎，增强机体抗病能力。

第二十三节　子宫内膜炎

子宫内膜炎是指母羊的子宫黏膜发生炎症病变，是一种常见产科病，也是导致母羊不孕的重要原因之一。

一、病因

本病是由于分娩、助产、子宫脱、阴道脱、胎衣不下、流产、胎儿死于腹中、配种、人工授精等导致本病发生。某些传染病（如羊布鲁氏菌病、李氏杆菌病、衣原体等）的存在也会导致母羊发生子宫内膜炎。

二、临床症状

本病根据病程可分为急性型和慢性型两种类型：

1. 急性　多发于分娩过程中，或分娩流产过程后。病羊食欲减少，精神欠佳，体温升高；因有疼痛反应而磨牙、呻吟，可表现前胃迟缓、弓背、努责、时时做排尿姿势；阴门内流出污红色内容物。如不及时治疗可发展为子宫坏死，继而全身状况恶化，发生败血症或脓毒败血症；有时可继发腹膜炎、肺炎、膀胱炎、乳腺炎等。

2. 慢性　多由急性型转变而来，食欲较差，阴门排出少量液体或脓性渗出物，发情不规律或停止发情，不易受胎。有时可以变为子宫积水，造成长期不孕，但外表没有排出液，不易确诊，只能根据子宫内膜炎病史进行推测。

三、防治

(一) 预防

平时保持羊圈卫生清洁。在母羊助产和人工授精等操作过程中要注意消毒，尽量减少人为对产道的损伤。对于自然交配的羊群要定期检查公羊的生殖器，如果有炎症或者化脓的情况，要及时治疗。

(二) 治疗

急性子宫内膜炎，及时治疗，预后一般良好，如不治疗或治疗不及时可能转变为慢性子宫内膜炎或继发子宫积脓、子宫积水、子宫与周围组织粘连及输卵管炎症等，使发情周期受到扰乱，造成繁殖障碍。育肥羊场一旦发生本病，建议淘汰发病母羊。

针对不同的子宫炎可采取不同的治疗方案。

对于严重的急性子宫内膜炎，要采用局部冲洗子宫与全身治疗相结合的治疗方案。具体来说，可选择使用 0.1%～0.2%乳酸依沙吖啶溶液或 0.1%～0.3%高锰酸钾溶液或 0.1%复合碘溶液进行子宫冲洗，每天 1 次，连用 3～4 天；同时要用青霉素每千克体重 2 万～3 万单位加硫酸链霉素 10～15mg/kg（按体重计）进行肌内注射，每天 2 次，连用 3 天。

对于慢性子宫炎，可将青霉素 80 万单位和硫酸链霉素 0.5g 溶解在 100mL 生理盐水中，直接注入母羊子宫内，这样局部消炎处理 1～2 次即可。此外也可使用中药治疗（益母草 5g、当归 8g、蒲黄 5g、川芎 3g、茯苓 5g、桃仁 3g、五灵酯 4g、香附 4g，水煎包温加黄酒 20ml，1 次灌服）也有一定效果。

布鲁氏菌病引起的子宫内膜炎，要按照《布氏杆菌病防治技术规范和应急预案》进行处置。

第二十四节 难 产

羊难产是指母体或胎儿异常引起胎儿不能顺利通过产道的一种产科疾病。

一、病因

母羊配种偏早，体质偏小，发育不全，骨盆、产道狭窄，子宫收缩无力或过强，胎儿过大，胎位不正，双胎，胎儿畸形，均可导致母羊难产。

母羊营养不良，体质瘦弱，运动不足，尤其是老龄或患有全身疾病的羊也容易难产。

二、临床症状

难产多发生于超过预产期时。妊娠羊表现不安，不时徘徊，阵缩及努责，呕吐，阴唇松弛湿润，阴道流出羊水、污血和黏液，时而回头观腹和阴部，但经 1～2 天仍不产羔，有的外阴部夹着胎儿的头或腿，长时间不能产出。随难产时间的延长，妊娠羊精神变差，痛苦加重，表现呻吟、爬动、精神沉郁、心率加快、呼吸加快、阵缩减弱。病至后期阵缩消失，卧地不起，甚至昏迷。

三、诊断

孕羊出现分娩症状后长时间胎儿不能产出，就可确诊为难产。

四、防治

(一) 预防

(1) 不要过早进行配种。羔羊 3 个月大以后，公羊、母羊应该分群饲养，防止出现偷配现象。

（2）加强孕羊饲养管理，适当让其运动以增强体质，避免体型过瘦或过于肥胖。

（3）准备好分娩场所，天气温暖时，可在露天生产，但必须备有羊棚，以防天气突然变化时使用。在大牧场，应备有较大的空气良好的产圈或产棚，应装置分娩栏。

（4）分娩前要做好接羔助产的各项准备工作，要有专人负责，发现分娩过程异常要及时助产。

（5）在分娩过程中，要尽量保持环境安静；接产人员不要高声喧哗。

（6）对于分娩的异常现象，要做到尽早发现，及时处理。当发现分娩时间拉长时，即应进行产道检察，根据反常情况进行助产。

（二）治疗

发现难产要及时救治，可采取如下措施进行助产。

如果胎位正常，胎膜尚未破裂，不必忙于干预，只需轻轻按摩腹壁，并将腹部下垂部分向后上方推压，以刺激子宫平滑肌的收缩，常可收到较好的效果。

若胎位正常，羊水已经流出，但子宫收缩无力，可以使用增强子宫收缩的药物，如缩宫素等。

若胎位正常，产道狭窄，首先向阴道内灌注温肥皂水，然后用线绳缓缓牵拉胎儿或前肢，助产者尽量用手扩张阴门或阴道。若试拉无效，应切开狭窄部，拉出胎儿，然后立即缝合切口。

若胎位不正，先矫正胎位，然后再进行助产。若子宫颈扩张不全或胎儿的产出受机械性障碍，或胎位异常又不易矫正，应尽早实行剖宫产手术，取出胎儿。

在助产过程中注意消毒、止血、消炎等。

第二十五节　胎衣不下

胎衣不下是指孕羊产后 4～6h，胎衣仍未完全排出的疾病。由于本病常引起子宫内膜炎而导致不孕，因而常造成羊的繁殖障碍。

一、病因

在饲养过程中由于管理不当，如饲养场面积较小，缺乏相关管理人员导致孕羊缺乏运动，饲料中缺乏钙、盐、维生素，或体质虚弱，分娩时母羊过于肥胖等原因；或在分娩过程中，出现产双胎、胎儿过大、胎水过多、分娩时间过长等原因；母羊流产、早产或患子宫炎、布鲁氏菌等疾病均可造成本病发生。

二、临床症状

一般没有明显的全身症状，只见少量胎衣附着在阴户外，不易排出。经 1～2 天后，停滞的胎衣开始腐败分解，从阴道排出污红色的恶臭液体。若腐败分解产物被子宫吸收，可导致母羊出现败血症，此时患羊表现体温升高、精神沉郁、食欲减退等全身疾病。

三、诊断

根据临床症状可作初步诊断。

四、防治

(一) 预防

主要方法是加强妊娠羊的饲养管理，饲料配比应以不使妊娠羊过肥为原则，饲喂含钙和维生素丰富的饲料，舍饲羊每天必须保证适当的运动。临产前 1 周减少精饲料,分娩后让母羊自行舔干羔羊身上的黏液,有条件的可给母羊灌服羊水 100~200mL,可促进子宫收缩,加快胎衣排出,并尽早让羔羊吮乳。分娩后立即静脉注射葡萄糖氯化钙注射液或让母羊饮益母草当归水。

(二)治疗

药物治疗。病羊分娩后不超过 24h 的,可应用垂体后叶素或催产素或麦角碱等注射液 0.8~1mL,1 次肌内注射。中药可用当归 9g、白术 6g、益母草 9g、桃仁 3g、红花 6g、陈皮 3g,共研细末,开水调后灌服。当体温升高时,使用抗生素治疗。

手术剥离。应用药物方法已达 48~72h 仍不奏效者,应立即采用此法。先保定好病羊,按常规准备及消毒后,进行手术。术者一手握住阴门外的胎衣,稍向外牵拉;另一手沿胎衣表面伸入子宫,剥离时由远及近,可用食指和中指夹住胎盘周围绒毛呈 1 束,以拇指剥离开母子胎盘互相结合的周围边缘,剥离半周后,手向手背侧翻转以扭转绒毛膜,使其从小窝中拔出,与母体胎盘分离。子宫角尖端难以剥离,常借子宫角的反射收缩而上升,再行剥离。最后宫内灌注抗生素或防腐消毒药液;或注入 0.2%普鲁卡因溶液 30~50mL。

如胎衣长期滞留易发生产后败血症,出现全身症状,应及时淘汰。

布鲁氏菌病引起的胎衣不下,要按照《布氏杆菌病防治技术规范和应急预案》进行处置。

第二十六节 腐 蹄 病

羊腐蹄病是羊的蹄底皮肤和软组织受外界各种致病因子的刺激及病菌感染引起的外科病,又称羊慢性坏死性蹄皮炎。临床上以蹄真皮或角质层腐败、蹄间皮肤及其深层组织腐败化脓为特征。

一、病因

本病主要原因是羊舍潮湿不洁或有坚硬物质刺破羊蹄间，造成蹄间外伤，被坏死杆菌、化脓棒状杆菌、葡萄球菌和链球菌等腐败菌感染。

在舍饲育肥羊过程中，饲料精粗饲料搭配比例失调，特别是盲目加大精饲料含量，导致育肥羊饲料中粗量不足，导致瘤胃酸度过高，继而产生大量的组织胺，也是导致本病的主要原因之一。

二、临床症状

主要表现为跛行，病羊蹄部有疼痛反应，病程发展比较缓慢。检查蹄部时，可发现蹄冠部红肿胀痛或腐烂，有的发展成脓肿，一旦脓肿破裂，则疼痛减轻，脓肿容易复发。随着病程的发展会出现蹄间腐烂，流出灰白色脓汁，恶臭，直至蹄匣脱落。

三、防治

（一）预防

平时加强蹄部护理，不要把羊圈养在潮湿地面及褥草上；保证充分运动；经常修剪蹄子，及时除去蹄间的夹杂物。

对新引进的羊只，应进行检疫，先隔离一个时期，对蹄子经检查及做必要的处理后，再放入羊群内。

当羊群发现本病时，应立即隔离病羊，给其余羊只清洗蹄部并用1％～2％的硫酸铜溶液浸浴1～2min，达到预防目的。在药浴池内对蹄子进行浸浴。

（二）治疗

本病的治疗应先用蹄刀完全除去黑色腐烂组织。对过长的蹄壁一并加以修正。然后扩开所有的创道。局部用 0.1%高锰酸钾溶液或 2%复合酚冲洗，最后涂擦 5%碘酊，效果较好。此外，也可将广丹 15g、乳香 15g、没药 15g、轻粉 15g、炉甘石 30g、冰片 3g、硼砂 7g，共研为末，调入凡士林后填腐烂蹄部，并用绷带包扎。若有继发全身症状，要静脉注射抗生素，予以对症治疗。

第二十七节　中　暑

中暑根据发病原因分为日射病和热射病。因阳光直射头部，导致脑及脑膜充血、出血，引起中枢神经系统功能障碍的，称为日射病。因环境温度过高、湿度过大，导致机体散热障碍，引起体内积热的称为热射病。日射病和热射病的病理生理是相同的。本病发生于炎热季节，以 7—8 月份多发，临床上以突然发病、病程急剧、出汗、体温升高和神经症状为特征。

一、病因

日射病是由于夏季天气炎热，日照强烈，阳光直晒羊头部引起。热射病是由于外界温度过高，羊舍内潮湿、闷热、拥挤、狭小，或车船运输时通风不良，热在羊体内蓄积引起。体质肥胖、幼龄、老年羊对热的耐受力低，是热射病的诱发原因。饲养管理不当，特别是饮水不足，食盐摄入不足，可促进本病发生。

二、临床症状

主要表现为神经功能障碍、体温升高、同时还表现为循环、呼吸功能衰竭。本病都是突然发生，病情发展非常急剧，病程短促，可于数小时内死亡。轻型病例，如治疗得当，可很快好转。有严重脑症状的，因并发脑出血和脑水肿，大都预后不良。其临床表现为：

（1）发病情况　本病常突然发病，病情发展急剧，喜凉爽环境，至树荫道旁，不愿离开，具有明显的饮欲，主动寻找水源。

（2）神经症状　发病初期，动物兴奋不安，出现强迫运动，前冲或转圈，鸣叫。很快转入抑制状态，精神高度沉郁，反应迟钝，不听使唤，站立不稳。严重时出现昏迷，卧地不起、意识丧失，四肢滑动。

（3）体温升高　动物体温升高，比正常体温高 2℃以上，甚至 4℃。

（4）循环系统　心跳加快，脉搏疾速，可视黏膜充血，呈树枝状，体表静脉怒张。

（5）呼吸系统　呼吸高度困难，鼻翼张开，开口呼吸，严重时出现节律不齐。濒死前口吐白沫，鼻孔流出粉红色泡沫。

三、诊断

根据天气炎热、湿度较高或阳光直射的病史，结合临床上体温升高、神经症状、呼吸和循环衰竭、静脉怒张可做初步诊断。

四、防治

（一）预防

夏季要做好羊舍的防暑降温工作，保证羊舍有充足的避光阴凉处，必要时可搭建凉棚，要保证充足的饮水并补喂食盐。改善饲养管理，降低羊圈舍内温度，保持适当密度，注意舍内通风，保持空气清新和凉爽，防止潮湿闷热。

（二）治疗

羊一旦发生中暑，症状较轻时，应迅速将病羊移至阴凉通风处，用水浇淋羊的头部或用冷水灌肠散热；也可驱赶病羊至水中，使羊体温散热至常温为止，中暑严重的一般难以救治，建议淘汰。

第二十八节　尿素中毒

羊尿素中毒是尿素使用不当导致的羊急性中毒性疾病。本病常见于舍饲育肥羊及种羊。

一、病因

反刍动物瘤胃内的微生物可将尿素或铵盐中的非蛋白氮转化为蛋白质。人们利用尿素或铵盐加入饲料中以补充蛋白质来饲喂羊，用于畜牧生产，但补饲不当或过量即可发生中毒。

误食含氮化学肥料（尿素、硝酸铵、硫酸铵）而引起中毒。

二、临床症状

羊过量采食尿素后 30～60min 即发病。病初表现不安，呻吟，流涎，肌肉震颤，腹胀，步样不稳。继而发生反复痉挛，呼吸困难，脉搏加快，从鼻腔和口腔流出泡沫样液体。末期全身痉挛出汗，眼球震颤，肛门松弛，瘤胃鼓气。急性中毒病例在中毒后 1～2h 即窒息死亡。慢性病例则可能发生后躯不完全麻痹或瘤胃鼓气。

三、病理变化

羊的鼻孔内流出红褐色液体，眼球下陷，眼结膜发绀，阴道黏膜发绀，有白色胶样物，皮下瘀血。腹腔内有强烈的腐败气味。瘤胃饱满，浆膜呈暗褐色，切开后有刺鼻的氨味，黏膜脱落，底部出血，胃内容物呈现红白相间。肠黏膜脱落出血，尤其是小肠前段的出血和溃疡严重。肝脏肿大，含血量多，质地变脆，胆囊扩张，充满胆汁。肾脏肿大，有大量的尿酸盐沉积。肺脏瘀血，支气管内有粉红色泡沫分泌物。心外膜有鲜红色弥散性出血点。心室扩大，血凝块分层明显。隔膜有轻度充血和少量瘀血。

四、诊断

根据具有采食尿素的病史、中毒的临床症状并在很短时间内死亡以及病理剖检变化，可做出诊断。实验室诊断时血氨为 8.4～13mg/L 时，开始出现症状；当达 20mg/L 时，临床表现为共济失调；达 50mg/L 时，动物即死亡。

五、防治

（一）预防

规范化肥保管使用制度，防止羊误食尿素。用尿素作饲料添加剂时，要严格掌握用量，即体重 50kg 的成年羊，用量每天不超过25g。尿素以拌料饲喂为宜，不得化水饮服或单喂，喂后 2h 内不能饮水。如饲料蛋白质已足够，不宜再加喂尿素，更不能与豆粕一起饲喂。

（二）治疗

发现羊中毒后，立即停喂尿素并灌服食醋或醋酸等弱酸溶液，如食醋 500mL、白糖 150g、自来水 200mL 灌服，可见症状明显减轻。此外，可试用硫代硫酸钠溶液静脉注射，作为解毒剂，同时对症使用葡萄糖酸钙溶液、高渗葡萄糖溶液、水合氯醛以及瘤胃制酵剂等，可提高疗效。但对中毒特别严重的无明显治疗效果。

第二十九节　伊维菌素中毒

因使用伊维菌素过量而引起的伊维菌素中毒，主要表现为神经症状。

一、病因

伊维菌素是常用的新型大环内酯类畜禽抗寄生虫药，由于其对体内外寄生虫均有良好的驱杀作用，是目前应用最广泛的一类广谱、高效、低毒和用量较小的抗生素类抗寄生虫药，广泛应用于羊场驱除的胃肠道线虫、肺线虫和寄生节肢动物，对蜱及粪便中繁殖的蝇也同样极为有效，但没有驱除吸虫和绦虫的效果。

伊维菌素中毒的主要原因是，用药剂量过大或用药间隔时间过短。

二、临床症状

羊精神沉郁，采食下降或拒食，体温正常，心跳加快，心律不齐。有的表现为流涎，口吐白沫，舌头伸出口外，全身肌肉间歇性震颤，步态不稳，颈和四肢乏力，四肢变冷。重症者辨识力明显减弱或失明，全身抽搐，个别羊以头撞墙。

三、防治

（一）预防

伊维菌素属于低毒抗生素，除内服外，仅限于皮下注射，不能肌内或静脉注射。临床上应严格控制用药剂量和用药间隔期，用药时注意羊的品种和日龄，对于体弱的羊，要相应减少剂量或不用。为防止伊维菌素在畜禽产品中残留对人类健康造成危害，宰杀前必须停药一段时间。羊用伊维菌素注射剂的休药期为 42 天。哺乳期羊禁用伊维菌素。

（二）治疗

伊维菌素中毒无特效解药，主要采取强心、保肝利胆、利尿等对症的支持疗法。及时补充体液，调节电解质酸碱的平衡，增强机体抵抗力。用5‰葡萄糖生理盐溶液、维生素C、ATP、辅酶A等静脉滴注。同时苯海拉明、复合维生素B做肌内注射。深度中毒发生昏迷的羊，大多预后不良，建议淘汰。

第三十节　亚硝酸盐中毒

亚硝酸盐中毒是羊采食了大量含有硝酸盐或亚硝酸盐的饲料而引起的中毒性疾病。临床上以皮肤、黏膜发绀等缺氧症状为特征。

一、病因

自然界中许多微生物能把硝酸盐还原为亚硝酸盐。在适宜的温度下（20～40℃），许多多汁饲料（如甜菜、萝卜、马铃薯、油菜、白菜、菠菜、青菜等），成堆放置过久或经过雨淋或烈日曝晒后，已出现腐烂变质或发酵，使硝酸盐还原成亚硝酸盐，羊采食后易导致中毒。此外，羊误食施过硝酸盐类化肥的稻田水、牧草等也会引起中毒。

二、临床症状

羊在大量采食后0.5～4h内突然发病，早期症状是尿频。病羊初期呼吸增快，以后变为呼吸困难，结膜发绀，皮肤青紫，脉搏快而弱，血液呈咖啡或酱油色。表现精神不振，肌肉震颤，站立不稳，步态蹒跚。严重时角弓反张，全身无力，卧地不起，流涎，呼吸困难，有的腹痛，腹泻，耳、鼻、四肢以及全身发凉，体温下降至常温以下，倒地痉挛，口吐白沫，常于12～24h死亡。慢性中毒时，病羊出现腹泻，跛行，走路强拘，虚弱，受胎率低，流产。

三、诊断

根据发病史、临床症状、病理变化可做初步诊断。如需确诊，需将可疑饲料、饮水、呕吐物、胃内容物进行毒物检查。

四、防治

(一)预防

加强饲草料的存放和管理,严格禁止给快收割的青绿饲料施用硝酸盐类化肥和农药;收割后的青绿饲料最好摊开晾干或晒干,干燥后再贮存。禁止饲喂腐烂变质的青绿饲草料。

(二)治疗

用特效解毒剂:1%美蓝液(美蓝 1g,纯酒精 10mL,生理盐水 90mL),8mg/kg(按体重计),静脉注射。用 5%甲苯胺蓝液,5mg/kg(按体重计),静脉注射或肌内注射;同时应用 5%维生素 C 0.5～1g,静脉注射。同时静脉注射 10%葡萄糖溶液 300～500mL。必要时 2h 后再用药 1 次。

对症疗法。可用泻剂,加速消化道内容物的排出,以减少对亚硝酸盐及其他毒物的吸收,并补氧、强心及解除呼吸困难。

耳静脉放血。

第三十一节　氢氰酸中毒

氢氰酸中毒是由于羊采食了富含氰苷配糖体的青饲料而引起的中毒性疾病。其特征症状是病羊呼吸困难、黏膜潮红、肌肉震颤等。

一、病因

本病是由于羊采食了含有氰苷的食物,如高粱苗、玉米苗、胡麻苗、马铃薯幼苗、亚麻籽、木薯、桃仁、杏仁、李仁、桃树叶、机榨胡麻饼等,在胃内经酶水解和胃酸作用,产生游离的氢氰酸而发生的中毒病。饲喂机榨胡麻饼因含氰苷最多，最易发生中毒。

二、临床症状

本病发生迅速，多于采食含有氰苷的饲料后 15～20min 出现症状。病羊首先表现腹痛不安，瘤胃鼓气，呼吸急速，张口喘息，呼出气体有苦杏仁气味，眼结膜鲜红，口流白色泡沫状唾液，先兴奋然后很快转入沉郁状态；随之出现极度衰弱，步行不稳或倒地。严重者体温下降，后肢麻痹，肌肉痉挛，瞳孔散大，全身反射减少乃至消失；心搏跳动虚缓，脉搏细弱，呼吸浅微，直至昏迷而死亡。

三、诊断

根据饲喂史和临床症状，可作临床诊断。

四、防治

(一) 预防

禁止羊吃到含有氰苷配糖体的作物，用高粱苗、玉米苗等作饲料时要经水浸 24h 后再喂，并要限量采食。

(二) 治疗

可用 1％的亚硝酸钠溶液静脉注射 6～10mg/kg（按体重计），3～5min 后再静脉注射 5％的硫代硫酸钠溶液（1～2mL/kg）。

也可用 25％葡萄糖溶液 100mL 及 5％维生素 C10～15mL 静脉注射。

或用 1％亚甲蓝溶液 1ml/kg（按体重计）肌内注射或静脉注射，也有一定效果。

第七章

羊病常用诊断方法

第一节 临床诊断

对于养羊来说，羊病的发现和治疗同等重要，所以养殖人员在饲养时应该加强管理，做好羊群的巡视工作，临床诊断一般分为群体检查和个体检查。

一、群体检查

群体检查主要从运动、休息、采食饮水等方面去进行，眼看、耳听、手摸是主要检查方法。

（一）运动时的检查

首先观察羊的精神外貌和姿态步样。

（1）健康羊精神活泼，步态平稳，不离群，不掉队。

（2）病羊多精神不振，沉郁或兴奋不安，步态踉跄，跛行，前肢软弱跪地或后肢麻痹，有时突然倒地发生痉挛等，应将其挑出作个体检查。

（二）休息时的检查

首先，有顺序并尽可能地逐只观察羊的站立和躺卧姿态。

（1）健康羊吃饱后多合群卧地休息，时而进行反刍，当有人接近时常起身离去。

（2）病羊常独自呆立一侧，或离群独卧，长时间不见其反刍，有人接近也不动。

（三）采食饮水时的检查

食欲废绝说明病情严重，若想吃而不敢咀嚼，应检查口腔和牙齿有无病变异常。

（1）健康羊通常鼻镜湿润，饲喂后 0.5h 开始出现反刍。若发现鼻镜干燥，反刍减少或停止，多见于高热、严重的前胃及真胃疾病或肠道的炎症。热性病的初期，常表现出饮欲增加。

（2）健康羊在饲喂时多抢着吃，饮水时多迅速奔向饮水处，争先喝水。病羊吃料时时吃时停，或离群停立不吃；饮水时或不喝或暴饮，如发现这样的羊应予剔出复检。

二、个体检查

个体临床检查主要包括视诊、闻诊、问诊、切诊（触、叩诊），综合起来加以分析，可以对疾病做出初步诊断。

（一）视诊（望诊）

是通过观察病羊的表现，包括羊的肥瘦、姿势、步态及羊的被毛、皮肤、黏膜、粪尿等。

1. 精神状态的观察

（1）健康羊精神饱满、眼睛明亮、耳朵灵活、行动敏捷，对周围环境敏感，有人走近时立即远避，不容易被捕捉。

（2）病羊精神沉郁或兴奋不安，目光呆滞，喜躺卧、垂头，对周围环境刺激反应迟钝。若病羊表现狂躁不安、前冲后撞、不听使唤、狂奔乱跑，则多为脑炎或中毒等疾病。

2. 营养状况的观察

（1）健康羊营养状态良好，膘情适中。

（2）急性病，如急性臌胀、急性炭疽等病羊身体仍然肥壮；相反，慢性病如寄生虫病等，病羊身体多瘦弱。

3. 步态

（1）健康羊步伐活泼而稳定。

（2）如果羊患病时，常表现行动不稳，或不喜行走。当羊的四肢肌肉、关节或蹄部发生疾病时，则表现为跛行。

4. 被毛和皮肤

（1）健康羊的被毛平整而不易脱落，富有光泽。

（2）病理状态下，被毛粗乱蓬松，失去光泽，而且容易脱落，患螨病的羊，皮肤变厚变硬，出现蹭痒和擦伤等。

5. 黏膜

（1）健康羊可视黏膜光滑呈粉红色。

（2）若口腔黏膜发红，多由于体温升高，有炎症。黏膜发红并带有红点，血丝或呈紫色，是由于严重的中毒或传染病引起的。苍白色，多为患贫血病；黄色，多为患黄疸病；蓝色，多为肺脏、心脏患病。

6. 采食饮水 羊的采食、饮水减少或停止，首先要查看口腔有无异物、口腔溃疡、舌有烂伤等。反刍减少或停止，往往是前胃疾病。

7. 粪尿 主要检查其形状、硬度、色泽及附着物等。

（1）羊粪呈小球形，没有难闻臭味。

（2）粪便过干，多为缺水和肠弛缓；过稀，多为肠机能亢进；混有黏液过多，表示肠黏膜有卡他性炎症；含有完整谷粒，表示消化不良；混有纤维素膜时，示为纤维素性肠炎；还要认真检查是否含有寄生虫及其节片。观察尿液颜色，正常尿液清亮无色，尿液变黄是肝胆代谢紊乱所致，尿液中带血可能是尿道破损或膀胱出血。排尿痛苦、失禁表示泌尿系统有炎症、结石等。

8. 呼吸 呼吸次数增多，常见于急性、热性病、呼吸系统疾病、心衰；贫血及腹压升高等；呼吸减少，主要见于某些中毒、代谢障碍或昏迷。

（二）闻诊

是通过听觉和嗅觉了解病情的一种诊断方法。包括耳闻声音和鼻闻气味两个方面。

1. 耳闻声音　包括听其叫声、呼吸音、咳嗽声、咀嚼及胃肠炎，同时结合听诊心、肺等音响。

（1）叫声　疾病过程中，羊叫声异常甚至出现低微的呻吟声。

（2）呼吸音　一般不易听到，剧烈运动时，呼吸音变粗大，疾病过程中，呼吸气息常有变化，严重者出现气息急促。

（3）咳嗽　咳嗽的声音、时间及伴随的症状也不同，有实咳、干咳、湿咳等。

（4）咀嚼　疾病过程中可见到咀嚼缓慢小心、声音低微，或口内并无食物而牙齿咬磨作响等异常表现。

（5）瘤胃、瓣胃、真胃音　多以听诊器进行间接听诊。正常时，随瘤胃每次蠕动而出现逐渐增强而又逐渐减弱的沙沙声，断续性细小的捻发音，于采食后较为明显，主要判定蠕动音是否减弱或消失。真胃音呈流水声或含漱音，主要判定其强弱和有无蠕动音的变化。

（6）肠音　健康者在整个右腹侧，均可听到短而稀少的肠蠕动音，呈流水音或含漱音。

2. 鼻闻气味　包括口气、鼻气、粪、尿、乳汁等的气味。

（1）口气　健康者口内带有草料气味，无异臭。消化不良时，呼气酸臭味，有机磷中毒时呼出气体及瘤胃内容物有大蒜味。

（2）鼻气　若出现异常气味，多是肺经有病。肺坏疽时，鼻液带有腐败性恶臭。

（3）粪　在胃肠疾病时，臭味不显，多为虚寒证；臭味浓重，多为湿热证，胃肠炎时，粪便腥臭或恶臭

（4）尿　正常时气味较小。在疾病过程中，气味熏臭，多为实热；无异常臭味，多属虚寒。

（5）乳汁　正常时有一定乳香味。患病时出现异常气味，某些

中毒性疾病过程中也可出现相应的毒性气味。

（三）问诊

问诊就是以询问的方式，听取畜主或饲养人员关于病畜发病情况和经过的介绍。问诊也是流行病学调查的主要方式，即通过问诊和查阅有关资料，调查有关引起传染病、寄生虫病和代谢病发生的一些原因。需要问诊的内容有：

1. 发病及诊断经过　包括发病时间、地点、主要症状，疾病发展的快慢。是否进行过治疗，如何治疗的，疗效如何。

2. 饲养管理情况　包括饲料种类、来源、品质、调制及饲喂方法，圈舍有无，饲养条件如何。

3. 病畜来源及疾病情况　包括病畜是自繁自养的，还是外地引进，是个体发病还是群体发病，是否进行过防疫工作。

4. 既往病史及生殖情况　包括患畜过去得过什么病，与这次发病的关系，生产性能如泌乳量等，配种、妊娠、产仔的情况等。

5. 疾病的传播速度　以识别疾病是暴发型还是散发型，如短期内迅速传播，属于暴发型疾病；突然大批死亡，可提示中毒性疾病；而散在性发病，应考虑为慢性传染病及普通病。

6. 病畜的年龄　许多疾病的发生及病情与年龄有关，年龄条件是诊断某些疾病的重要依据。

7. 防疫情况　了解预防接种情况，考虑预防的实际效果，估计可能发生的疾病；考察治疗情况，判断疗效，以验证诊断。

8. 疫情　是判断流行病的重要线索。

（四）触诊

是用手感触被检查的部位，并加压力，以便确定被检查的各器官组织是否正常。

1. 体温　用手摸羊耳或插进羊嘴里握住舌头，检查是否发烧，再用体温计测量，高温常见于传染病。

2. 脉搏　注意每分钟跳动次数和强弱等。

3. 体表淋巴结 当羊发生结核病，伪结核病、羊链球菌病病菌时，体表淋巴结往往肿大，其形状、硬度、温度、敏感性及活动性等都会发生变化。

（五）听诊

听诊是利用听觉来判断体内声音是否正常。

1. 心脏 心音增强，见于热性病的初期；心音减弱，见于心脏机能障碍的后期或患有渗出性胸膜炎、心包炎；第二心音增强时，见于肺气肿、肺水肿、肾炎等病理过程中。听到其他杂音，多为瓣膜疾病、创伤性心包炎、胸膜炎等。

2. 肺脏

（1）肺泡呼吸音 过强，多为支气管炎、黏膜肿胀等；过弱，多为肺泡肿胀，肺泡气肿、渗出性胸膜炎等。

（2）支气管呼吸音 在肺部听到，多为肺炎的肝变期，见于羊的传染性胸膜肺炎等病。

（3）啰音 分干啰音和湿啰音。干啰音甚为复杂，有咝咝声、笛声、口哨声及猫鸣声等，多见于慢性支气管炎、慢性肺气肿、肺结核等。湿啰音似含漱音、沸腾音或水泡破裂音，多发生于肺水肿、肺充血、肺出血、慢性肺炎等。

（4）捻发音 多发生于慢性肺炎、肺水肿等。

（5）磨擦音 多发生在肺与胸膜之间，多见于纤维素性胸膜炎等。

3. 腹部 主要听取腹部胃肠运动的声音。前胃弛缓或发热性疾病时，瘤胃蠕动音减弱或消失。肠炎初期，肠音亢进；便秘时，肠音消失。

（六）叩诊

叩诊的音响有：清音、浊音、半浊音、鼓音。

1. 清音 为叩诊健康羊胸廓所发出的持续，高而清的声音。

2. 浊音 当羊胸腔积聚大量渗出液时，叩打胸壁出现水平浊音界。

3. 半浊音 羊患支气管肺炎时，肺泡含气量减少，叩诊呈半浊音。

4. 鼓音　若瘤胃鼓气，则鼓响音增强。

第二节　实验室诊断

一、病料的采集、保存及运送

(一)病料的采集

1. 采集原则

(1) 无菌采集原则　病料的采集要求进行无菌操作，所用器械、容器及其他物品均需事先灭菌。同时在采集病料时也要防止病原菌污染环境，造成人的感染。因此在剖检前，首先将尸体在适当的消毒液中浸泡消毒，打开胸腹腔后，应先取病料以备细菌学检查，然后再进行病理学检查。剖检尸体进行焚烧、或浸入消毒液中然后做深埋处理。剖检场地应选择易于消毒的地方，如水泥地面等，剖检后操作者、用具及场地都要进行消毒或灭菌处理。

(2) 实时采集原则　病料一般采集于濒临死亡或刚刚死亡的动物，若是死亡动物，则应立即采集，夏天不宜超过 6~8h，冬天不迟于 24h。取得病料后，应立即送检。如不能立刻进行检验，应立即存放于冰箱中。若需要采血清测抗体，最好采发病初期和恢复期两个时期的血清。

(3) 含病原多原则　病料必须采自含病原菌最多的病变组织或脏器。

(4) 适量原则　采集病料不宜过少，以免在送检过程中细菌因干燥而死亡。病料量至少是检测量的四倍。

2. 采集方法

(1) 液体材料的采集方法　破溃的脓汁、胸腹水一般用灭菌的棉棒或吸管吸取放入无菌试管内，塞好胶塞送检。血液可无菌操作从静脉或心脏采血，然后加抗凝剂。若需分离血清，则采血后(不加抗凝剂)，放在灭菌试管中，摆放斜面，待血液凝固后析出血清后，再将血清吸出，置于另一灭菌试管中送检。方便时可直接无菌取液体涂片或接种适宜培养基。

（2）实质脏器的采集方法　在解剖后立即采集。若剖检过程中被检器官被污染或剖开胸腹后时间过长，应烧烙表面，或用酒精灯灭菌后，在烧烙的深部取一块实质脏器，放在灭菌平皿内。或用灭菌接种环自烧烙部位插入组织中，取少量组织或液体接种到适宜培养基。

（3）肠道及其内容物的采集方法　肠道只需要选择病变最明显的部分，将其中内容物去掉，用灭菌水轻轻冲洗后放在平皿内。粪便应采取新鲜的带有脓、血、黏液的部分，液态粪应采集絮状物。有时可将胃肠两端扎好剪下，送检。

（4）皮肤及毛的采集方法　皮肤要取病变明显且带有一部分正常皮肤的部位，被毛要带毛根取。

（二）病料的保存与运送

供细菌检查的病料，若能 1～2 天内送到实验室，可放在 4～10℃冰箱内，也可放入灭菌液状石蜡或 30% 甘油水缓冲液中。

采集的病料，最好标注清楚，内容包括：送检单位、地址、动物品种、性别、日龄、送检病料种类和数量、检验目的、保存方法、死亡日期、送检日期、送检者姓名、发病情况等。

病毒病病料采集后除可冷冻外，还可放在 50% 甘油磷酸盐缓冲液中保存，液体病料中可直接加入一定量的青、链霉素或其他抗生素以防细菌和霉菌的污染。

二、寄生虫检查

（一）羊粪便虫卵检查

供检查的粪便必须新鲜、未被污染，也可以直接从羊的直肠内采集。具体有直接涂片检查、虫卵漂浮检查、虫卵沉淀检查等。

1. 直接涂片检查　在洁净的载玻片上滴 1～2 滴水，再刮取少量的新鲜羊粪与水混合，剔去粪渣后形成混悬液（要求不能涂太厚），再盖以盖玻片，在显微镜下检查虫卵。此方法操作简单，检出率相对较低，要多看几个视野。

2. 虫卵漂浮检查　取新鲜粪便 5～10g 放在烧杯中，加 100mL 饱和氯化钠，用玻璃棒搅匀再用 60 目（孔径 0.2mm）铜筛过滤。滤液在烧杯中或试管内静置 30min 后，用接种环或玻璃棒蘸取表面液膜并将它抖落在载玻片上，盖上盖玻片镜检。本方法主要用于线虫、球虫和绦虫的虫卵检查。

3. 虫卵沉淀检查　取 5～10g 粪便置于烧杯或其他容器内，先加少量水，充分搅拌将粪捣成糊状，再加常水适量继续搅拌，再用 60 目（孔径 0.2mm）铜筛过滤到另一容器内，然后加满水，静置 15～20min，再倾去上清液。如此反复用水洗沉淀 3～4 次，直到上层液体透明为止。最后倾去上清液，用胶头滴管吸取沉淀于载玻片上，加盖玻片镜检。沉淀法适用于比重较大的吸虫卵和棘头虫卵。

（二）淋巴结穿刺物检查

用于诊断羊泰勒焦虫病。

在肩胛前和股前淋巴结进行穿刺。穿刺时剪去皮肤上的毛，消毒后，用右手将淋巴结推到近皮肤表层，用左手固定淋巴结，再用右手将灭菌针头刺入，接上 5～10mL 的注射器抽取淋巴液，涂于玻璃片上，干燥、固定后用姬姆萨液染色，镜检"石榴体"。

（三）体表及皮肤刮下物检查

用于痒螨、疥螨检查。方法有：

1. 直接涂片法　将刮取的痂皮少许置于载玻片上，加上数滴 50％甘油水溶液，用牙签调匀，盖上盖玻片于低倍镜下检查。

2. 培养皿法　将装有痂皮的培养皿置于盛有 40℃左右温水的烧杯上，或在同样温度的恒温箱内，维持为 0.5h，而后将痂皮倒入另一培养皿内作同样处理一次，然后以放大镜检查已倒去痂皮的培养液皿底部，可发现活动的螨。

3. 沉淀法　将痂皮放入试管内，加入 10％氢氧化钠溶液，煮沸数分钟，然后离心沉淀 5min，倒去上清液，取沉淀物做涂片检查。

4. 漂浮法 将沉淀法取得的沉渣留置于试管内，加入 60％次亚硫酸钠溶液至满，然后加上盖玻片，0.5h 后轻轻取下盖玻片覆盖在载玻片上镜检。

对于蠕形螨，则检查其皮肤结节，可挤出其干酪样物做压片或脓疱内容物作涂片，放于低倍镜下检查。

三、细菌检查

（一）镜检

首先用采集的病料（血液或体液等）在洁净的载玻片上直接涂片或推片或触片，待自行干燥或烤干后选择适当的染色液进行染色。常见的染色方法有瑞氏染色法、姬姆萨染色法、革兰氏染色法等。镜检一般在油镜（放大 1 000 倍）下观察有无细菌或观察细菌的形态。

（二）分离培养及鉴定

首先把采集的病料经无菌操作接种到普通培养基或特殊培养基上，在 37℃恒温培养箱中培养 24～48h，观察有无细菌生长并观察菌落形态特征以及是否溶血等。同时还要挑取典型菌落进行涂片、染色、镜检，观察细菌形态和染色特点，看是否和病料镜检细菌一致。此外，必要时还需对细菌进行有关的生化试验和动物试验，以确定细菌的种类。

四、病毒检查

病毒检查法包括病毒分离培养、血清学试验、动物接种试验、分子生物学试验等。病毒试验和细菌检查一样，都需要在正确采集病料的基础上进行，因检测需要仪器设备及操作技术有较高要求，某些大型养殖场和专业实验室具备病毒检测能力。

附录

附录一　羊常见寄生虫病鉴别诊断(1)

寄生部位	名称	寄生部位	中间宿主	感染方式	易感动物	发病季节
消化系统	球虫	肠道	—	吞食具有感染的卵囊的饲草和饮水感染	羔羊易感,成年羊为带虫者	春、秋、夏
	隐孢子虫	小肠	—	吞食经粪便中卵囊污染的饲料和饮水感染	羔羊和围产期母羊	一年四季
	捻转血矛线虫	第四胃和小肠	—	吞食含有感染性幼虫的草、饮水感染	各阶段羊	温暖季节多发
	仰口线虫	小肠	—	1.吞食感染性幼虫污染的饲草、饮水等经口感染。 2.感染性幼虫钻入人皮肤进入血液循环,感染率高	各阶段羊	秋季感染,春季发病
	食道口线虫	大肠	—	食入被感染性幼虫污染的草和饮水	各阶段羊	春、秋季
	夏伯特线虫	大肠	—	经口感染	一岁以内易感,成羊发病轻	2月感染,5月顶峰,6月下降
	片形吸虫	肝脏、胆管	椎实螺、淡水螺	食入含有囊蚴的水及草	幼龄羊易感,山羊易感	急性型:夏末、秋。慢性型:冬、春
	双腔吸虫	胆管、胆囊	第一:陆地螺 第二:蚂蚁	吞食含囊蚴的蚂蚁	各阶段羊	春、秋

（续）

寄生部位	名称	寄生部位	中间宿主	感染方式	易感动物	发病季节
消化系统	阔盘吸虫	胰管	第一:陆地螺 第二:草螽	吞食含成熟囊蚴的草螽	各阶段羊	7—10月份感染,冬春季发病
	前后盘吸虫	瘤胃,胆管壁	淡水螺	吞食含有囊蚴的水草	各阶段羊	5—10月份感染
	莫尼茨绦虫	小肠	地螨	吞食含有似囊尾蚴的地螨	1.5～7个月羔羊易感,成羊有免疫力	5—8月份
	棘球蚴	肝脏、肺脏其他器官	羊、猪等家畜	吞食被虫卵和孕节污染的草,饲料和饮水	绵羊感染率高	一年四季
	泰勒虫(焦虫)	血液	蜱	被带有孢子的蜱叮咬	1～6月龄羔羊易发,1～2岁羊次之,3～4岁发病率和死亡率较低	地方性和季节性(春末、夏、秋)
循环系统	日本分体吸虫	门静脉系统小血管	湖北钉螺	吞食含有尾蚴的水,草感染;经皮肤钻入;经胎盘由母体传给胎儿		夏、秋
	东毕吸虫	门静脉和肠系膜静脉	椎实螺类	吞食含有尾蚴的饮水、草感染;经皮肤钻入	成年羊感染率高	5—10月份

（续）

寄生部位	名称	寄生部位	中间宿主	感染方式	易感动物	发病季节
神经与肌肉	肉孢子虫	横纹肌	牛、羊等	终末宿主犬等食入含肉孢子虫包囊的中间宿主横纹肌后排出孢子囊，易感动物吞食被污染水草后感染	各阶段羊，年龄越大感染率越高	一年四季
	羊囊尾蚴	心肌、膈肌、咬肌、舌肌等处	羊等	吞食终末宿主犬、狼等吞食囊尾蚴后排出粪便中的虫卵或孕节后感染	羔羊危害较大	一年四季
	脑多头蚴（脑包虫）	大脑	羊等	吞食被犬、狼等终末宿主排出含有孕节和虫卵的粪便污染的水、草	绵羊易感	一年四季
呼吸系统	网尾线虫	肺脏	—	吞食含有感染性幼虫的饮水、草等	羔羊易感	潮湿地区，地方性流行
	原圆线虫	肺泡、毛细支气管	陆地螺、蛞蝓	吞食含有螺感染的饮水、草等	4~5月龄羊体内均有虫体	潮湿地带，地方流行
皮肤	疥螨、痒螨	表皮内或体表	—	接触传播	绵羊多见	秋末、冬季和初春
	蠕形螨	毛囊和皮脂腺	—	接触传播	各阶段羊	一年四季
	蜱	体表	—	接触传播	各阶段羊	一年四季
	鼻蝇蛆	鼻腔及附近腔窦	—	接触传播	各阶段羊	夏季

附录二 羊常见寄生虫病鉴别诊断（2）

寄生系统	名称	共同症状	鉴别症状
消化系统	球虫	精神沉郁、食欲减退或不食、消瘦、贫血、下痢	被毛粗乱、常因换料、免疫力降低等应激因素引起
	隐孢子虫		粪便有强烈恶臭，腹泻持续时间可长达1～2周
	捻转血矛线虫		严重感染时，可短时间发生大批死亡，此时膘情尚好
	仰口线虫		幼畜可出现神经症状
	食道口线虫		病羊弓腰，后置僵直有腹痛感
	夏伯特线虫		下颌间隙水肿
	片形吸虫		体温升高、触诊肝区敏感；眼睑、颌下、胸腹下水肿
	双腔吸虫		颌下水肿
	阔盘吸虫		消化障碍、颈部、胸部水肿
	前后盘吸虫		颌下水肿
	莫尼茨绦虫		腹围增大、腹痛、偶有抽搐、回旋等运动神经症状
	棘球蚴		肺部感染时，咳嗽；肝脏感染时，腹右侧膨大，肠鼓气
循环系统	泰勒氏焦虫		体温升高、体表淋巴结肿大，有痛感
	日本分体吸虫		急性体温升高，钻入皮肤导致皮炎，虫卵带入脑内，引起神经症状
	东毕吸虫		妊娠母羊死亡前发生流产
神经与肌肉	肉孢子虫		体温升高、体重急剧下降、个别羊骨形可见，肋骨合作骨节明显
	脑多头蚴（脑包虫）		感染初期体温升高，后期神经症状：前冲、躺卧、转圈等

附 录

（续）

寄生系统	名称	共同症状	鉴别症状
呼吸系统	网尾线虫	咳嗽	体温升高、鼻流脓液、贫血、头部和四肢水肿
	原圆线虫		重症叩诊肺部发现较大实变区
体外	疥螨、痒螨		痒、结痂、脱毛
	蠕形螨（囊虫病）		面部、颌下、颈部、肩胛、背部、腹部、四肢等有针尖到蚕豆大节结
	蜱		痒、不安、贫血、消瘦、严重者"蜱瘫痪"
	鼻蝇蛆		打喷嚏、不安、摇头或低头、呼吸困难、鼻流脓液，结痂，严重者有神经症状

附录三　羊场饲喂管理程序

一、羔羊阶段饲养管理		
时间	管理要点	
出生1~2天	保证吃上初乳，保暖，哺乳卫生	
10天之内	以母乳为主，多胎的可以添加奶粉，牛奶，适当运动	
10~15天	补喂青干草	
15天以后	逐渐增加精料，20天以后可以自由采食草料	每日中午左右运动半小时，晒太阳
1~2月龄	补饲精料，每日2次，100~200g上午、下午各一次	
3~4月龄	补饲精料 每日3次，200~250g	早中晚各一次，羊只自由活动，中午11：00—13：00晒太阳
二、青年羊育肥阶段		
时间	管理要点	
断奶后	断奶后的羔羊要补喂精料，每只羊每天应喂配合精饲料0.2~0.5 kg，公羊的饲料定额应多于母羊。粗饲料以优质干草、青贮料为宜，保证饮水，清洁卫生。每日饲喂3次，自由饮水，适当放牧，驱赶运动，晒太阳	
5~6月龄	可采用市场提供的成品料，搭配粗饲料，精料占日粮的40%～60%，混饲精料0.4kg左右为宜，要加人营养添加剂如钙、磷、食盐。饲喂3~4次，自由饮水，适当放牧，晒太阳，选择发育良好的后备羊留作种用	

（续）

三、种公羊饲养要点		
时间	管理要点	
非配种期	每日上午 10：00 太阳升起后放牧，加强运动，下午回圈舍休息，适当补饲精料：每日喂给精料 0.4～0.6 kg，干草 2.5～3.0kg，青贮料或多汁料 0.5～0.8 kg。在种公羊配种前 1 个月，增加精料供给，逐步过渡到配种期日粮水平	
配种期	每日放牧运动 2 次，多晒太阳，精料 1kg，苜蓿干草或野干草 2kg，胡萝卜 0.5～1.5kg，食盐 15～20g，骨粉 5～10g，全部粗料和精料可分 2～3 次喂给。精料的喂量应根据种羊的个体重、精液品质和体况酌情增减。每天可采精 1～2 次，成年公羊每日采精最多可达 3～4 次，不要连续采精，采精次数多的，其间要有休息时间，2 次采精间隔不少于 2h	
四、种母羊饲养要点		
时间	管理要点	
空怀期	必须给予合理的日粮，满足其发情需要，为配种妊娠储备营养，但不能过肥。配种前适当补饲混合精料 0.1～0.2kg	
妊娠期	前三个月，与空怀期管理基本一致，避免放牧过早，饮冰水，吃霉变草。产前 10 天，多喂一些多汁料和精补料，以促进乳汁分泌	
哺乳期	母羊分娩后 3 日内应少喂精饲料，以后逐渐恢复正常喂量，哺乳前期每只羊每天应补给精饲料 0.4～0.7 kg，青粗饲料自由采食，胡萝卜 0.5kg，并注意矿物质和微量元素的供给。哺乳后期要逐渐减少多汁饲料、青贮饲料和精饲料喂量，以防发生乳房炎	

附录四 口蹄疫防治技术规范

口蹄疫（Foot and mouth disease，FMD）是由口蹄疫病毒引起的以偶蹄动物为主的急性、热性、高度传染性疫病，世界动物卫生组织（OIE）将其列为必须报告的动物传染病，我国规定为一类动物疫病。

为预防、控制和扑灭口蹄疫，依据《中华人民共和国动物防疫法》《重大动物疫情应急条例》《国家突发重大动物疫情应急预案》等法律法规，制定本技术规范。

1 适用范围

本规范规定了口蹄疫疫情确认、疫情处置、疫情监测、免疫、检疫监督的操作程序、技术标准及保障措施。

本规范适用于中华人民共和国境内一切与口蹄疫防治活动有关的单位和个人。

2 诊断

2.1 诊断指标

2.1.1 流行病学特点

2.1.1.1 偶蹄动物，包括牛科动物（牛、瘤牛、水牛、牦牛）、绵羊、山羊、猪及所有野生反刍和猪科动物均易感，驼科动物（骆驼、单峰骆驼、美洲驼、美洲骆马）易感性较低。

2.1.1.2 传染源主要为潜伏期感染及临床发病动物。感染动物呼出物、唾液、粪便、尿液、乳、精液及肉和副产品均可带毒。康复期动物可带毒。

2.1.1.3 易感动物可通过呼吸道、消化道、生殖道和伤口感染病毒，通常以直接或间接接触（飞沫等）方式传播，或通过人或犬、蝇、蜱、鸟等动物媒介，或经车辆、器具等被污染物传播。如果环境气候适宜，病毒可随风远距离传播。

2.1.2 临床症状

2.1.2.1 牛呆立流涎，猪卧地不起，羊跛行；

2.1.2.2　唇部、舌面、齿龈、鼻镜、蹄踵、蹄叉、乳房等部位出现水泡；

2.1.2.3　发病后期，水疱破溃、结痂，严重者蹄壳脱落，恢复期可见瘢痕、新生蹄甲；

2.1.2.4　传播速度快，发病率高；成年动物死亡率低，幼畜常突然死亡且死亡率高，仔猪常成窝死亡。

2.1.3　病理变化

2.1.3.1　消化道可见水疱、溃疡；

2.1.3.2　幼畜可见骨骼肌、心肌表面出现灰白色条纹，形色酷似虎斑。

2.1.4　病原学检测

2.1.4.1　间接夹心酶联免疫吸附试验，检测阳性（ELISA OIE 标准方法）；

2.1.4.2　RT-PCR 试验，检测阳性（采用国家确认的方法）；

2.1.4.3　反向间接血凝试验（RIHA），检测阳性；

2.1.4.4　病毒分离，鉴定阳性。

2.1.5　血清学检测

2.1.5.1　中和试验，抗体阳性；

2.1.5.2　液相阻断酶联免疫吸附试验，抗体阳性；

2.1.5.3　非结构蛋白 ELISA 检测感染抗体阳性；

2.1.5.4　正向间接血凝试验（IHA），抗体阳性。

2.2　结果判定

2.2.1　疑似口蹄疫病例

符合该病的流行病学特点和临床诊断或病理诊断指标之一，即可定为疑似口蹄疫病例。

2.2.2　确诊口蹄疫病例

疑似口蹄疫病例，病原学检测方法任何一项阳性，可判定为确诊口蹄疫病例；

疑似口蹄疫病例，在不能获得病原学检测样本的情况下，未免疫家畜血清抗体检测阳性或免疫家畜非结构蛋白抗体 ELISA 检测阳性，可判定为确诊口蹄疫病例。

2.3 疫情报告

任何单位和个人发现家畜上述临床异常情况的，应及时向当地动物防疫监督机构报告。动物防疫监督机构应立即按照有关规定赴现场进行核实。

2.3.1 疑似疫情的报告

县级动物防疫监督机构接到报告后，立即派出2名以上具有相关资格的防疫人员到现场进行临床和病理诊断。确认为疑似口蹄疫疫情的，应在2h内报告同级兽医行政管理部门，并逐级上报至省级动物防疫监督机构。省级动物防疫监督机构在接到报告后，1h内向省级兽医行政管理部门和国家动物防疫监督机构报告。

诊断为疑似口蹄疫病例时，采集病料，并将病料送省级动物防疫监督机构，必要时送国家口蹄疫参考实验室。

2.3.2 确诊疫情的报告

省级动物防疫监督机构确诊为口蹄疫疫情时，应立即报告省级兽医行政管理部门和国家动物防疫监督机构；省级兽医管理部门在1h内报省级人民政府和国务院兽医行政管理部门。

国家参考实验室确诊为口蹄疫疫情时，应立即通知疫情发生地省级动物防疫监督机构和兽医行政管理部门，同时报国家动物防疫监督机构和国务院兽医行政管理部门。

省级动物防疫监督机构诊断新血清型口蹄疫疫情时，将样本送至国家口蹄疫参考实验室。

2.4 疫情确认

国务院兽医行政管理部门根据省级动物防疫监督机构或国家口蹄疫参考实验室确诊结果，确认口蹄疫疫情。

3 疫情处置

3.1 疫点、疫区、受威胁区的划分

3.1.1 疫点 为发病畜所在的地点。相对独立的规模化养殖场/户，以病畜所在的养殖场/户为疫点；散养畜以病畜所在的自然村为疫点；放牧畜以病畜所在的牧场及其活动场地为疫点；病畜在运输过程中发生疫情，以运载病畜的车、船、飞机等为疫点；在市场发生疫情，以病畜所在市场为疫点，在屠宰加工过程中发生疫情，以屠宰加工厂（场）为疫点。

3.1.2　疫区　由疫点边缘向外延伸 3km 内的区域。

3.1.3　受威胁区　由疫区边缘向外延伸 10km 的区域。

在疫区、受威胁区划分时，应考虑所在地的饲养环境和天然屏障（河流、山脉等）。

3.2　疑似疫情的处置

对疫点实施隔离、监控，禁止家畜、畜产品及有关物品移动，并对其内、外环境实施严格的消毒措施。

必要时采取封锁、扑杀等措施。

3.3　确诊疫情处置

疫情确诊后，立即启动相应级别的应急预案。

3.3.1　封锁

疫情发生所在地县级以上兽医行政管理部门报请同级人民政府对疫区实行封锁，人民政府在接到报告后，应在 24h 内发布封锁令。

跨行政区域发生疫情的，由共同上级兽医行政管理部门报请同级人民政府对疫区发布封锁令。

3.3.2　对疫点采取的措施

3.3.2.1　扑杀疫点内所有病畜及同群易感畜，并对病死畜、被扑杀畜及其产品进行无害化处理；

3.3.2.2　对排泄物、被污染饲料、垫料、污水等进行无害化处理；

3.3.2.3　对被污染或可疑污染的物品、交通工具、用具、畜舍、场地进行严格彻底消毒；

3.3.2.4　对发病前 14 天售出的家畜及其产品进行追踪，并做扑杀和无害化处理。

3.3.3　对疫区采取的措施

3.3.3.1　在疫区周围设置警示标志，在出入疫区的交通路口设置动物检疫消毒站，执行监督检查任务，对出入的车辆和有关物品进行消毒；

3.3.3.2　所有易感畜进行紧急强制免疫，建立完整的免疫档案；

3.3.3.3　关闭家畜产品交易市场，禁止活畜进出疫区及产品运出疫区；

3.3.3.4　对交通工具、畜舍及用具、场地进行彻底消毒；

3.3.3.5　对易感家畜进行疫情监测，及时掌握疫情动态；

3.3.3.6　必要时，可对疫区内所有易感动物进行扑杀和无害化处理。

3.3.4　对受威胁区采取的措施

3.3.4.1　最后一次免疫超过一个月的所有易感畜，进行一次紧急强化免疫；

3.3.4.2　加强疫情监测，掌握疫情动态。

3.3.5　疫源分析与追踪调查

按照口蹄疫流行病学调查规范，对疫情进行追踪溯源、扩散风险分析。

3.3.6　解除封锁

3.3.6.1　封锁解除的条件

口蹄疫疫情解除的条件：疫点内最后 1 头病畜死亡或扑杀后连续观察至少 14 天，没有新发病例；疫区、受威胁区紧急免疫接种完成；疫点经终末消毒；疫情监测阴性。

新血清型口蹄疫疫情解除的条件：疫点内最后 1 头病畜死亡或扑杀后连续观察至少 14 天没有新发病例；疫区、受威胁区紧急免疫接种完成；疫点经终末消毒；对疫区和受威胁区的易感动物进行疫情监测，结果为阴性。

3.3.6.2　解除封锁的程序：动物防疫监督机构按照上述条件审验合格后，由兽医行政管理部门向原发布封锁令的人民政府申请解除封锁，由该人民政府发布解除封锁令。

必要时由上级动物防疫监督机构组织验收。

4　疫情监测

4.1　监测主体：县级以上动物防疫监督机构。

4.2　监测方法：临床观察、实验室检测及流行病学调查。

4.3　监测对象：以牛、羊、猪为主，必要时对其他动物监测。

4.4　监测的范围

4.4.1　养殖场户、散养畜，交易市场、屠宰厂（场）、异地调入的活畜及产品。

4.4.2　对种畜场、边境、隔离场、近期发生疫情及疫情频发等高风险区域的家畜进行重点监测。

监测方案按照当年兽医行政管理部门工作安排执行。

4.5　疫区和受威胁区解除封锁后的监测 临床监测持续一年，反刍动物病原学检测连续 2 次，每次间隔 1 个月，必要时对重点区域加大监测的强度。

4.6　在监测过程中，对分离到的毒株进行生物学和分子生物学特性分析与评价，密切注意病毒的变异动态，及时向国务院兽医行政管理部门报告。

4.7　各级动物防疫监督机构对监测结果及相关信息进行风险分析，做好预警预报。

4.8　监测结果处理

监测结果逐级汇总上报至国家动物防疫监督机构，按照有关规定进行处理。

5　免疫

5.1　国家对口蹄疫实行强制免疫，各级政府负责组织实施，当地动物防疫监督机构进行监督指导。免疫密度必须达到 100%。

5.2　预防免疫，按农业部制定的免疫方案规定的程序进行。

5.3　突发疫情时的紧急免疫按本规范有关条款进行。

5.4　所用疫苗必须采用农业部批准使用的产品，并由动物防疫监督机构统一组织、逐级供应。

5.5　所有养殖场/户必须按科学合理的免疫程序做好免疫接种，建立完整免疫档案（包括免疫登记表、免疫证、免疫标识等）。

5.6 各级动物防疫监督机构定期对免疫畜群进行免疫水平监测，根据群体抗体水平及时加强免疫。

6 检疫监督

6.1 产地检疫

猪、牛、羊等偶蹄动物在离开饲养地之前，养殖场/户必须向当地动物防疫监督机构报检，接到报检后，动物防疫监督机构必须及时到场、到户实施检疫。检查合格后，收回动物免疫证，出具检疫合格证明；对运载工具进行消毒，出具消毒证明，对检疫不合格的按照有关规定处理。

6.2 屠宰检疫

动物防疫监督机构的检疫人员对猪、牛、羊等偶蹄动物进行验证查物，证物相符检疫合格后方可入厂（场）屠宰。宰后检疫合格，出具检疫合格证明。对检疫不合格的按照有关规定处理。

6.3 种畜、非屠宰畜异地调运检疫

国内跨省调运包括种畜、乳用畜、非屠宰畜时，应当先到调入地省级动物防疫监督机构办理检疫审批手续，经调出地按规定检疫合格，方可调运。起运前两周，进行一次口蹄疫强化免疫，到达后须隔离饲养 14 天以上，由动物防疫监督机构检疫检验合格后方可进场饲养。

6.4 监督管理

6.4.1 动物防疫监督机构应加强流通环节的监督检查，严防疫情扩散。猪、牛、羊等偶蹄动物及产品凭检疫合格证（章）和动物标识运输、销售。

6.4.2 生产、经营动物及动物产品的场所，必须符合动物防疫条件，取得动物防疫合格证，当地动物防疫监督机构应加强日常监督检查。

6.4.3 各地根据防控家畜口蹄疫的需要建立动物防疫监督检查站，对家畜及产品进行监督检查，对运输工具进行消毒。发现疫情，按照《动物防疫监督检查站口蹄疫疫情认定和处置办法》相关规定处置。

6.4.4　由新血清型引发疫情时，加大监管力度，严禁疫区所在县及疫区周围 50km 范围内的家畜及产品流动。在与新发疫情省份接壤的路口设置动物防疫监督检查站、卡实行 24h 值班检查；对来自疫区运输工具进行彻底消毒，对非法运输的家畜及产品进行无害化处理。

6.4.5　任何单位和个人不得随意处置及转运、屠宰、加工、经营、食用口蹄疫病（死）畜及产品；未经动物防疫监督机构允许，不得随意采样；不得在未经国家确认的实验室剖检分离、鉴定、保存病毒。

7　保障措施

7.1　各级政府应加强机构、队伍建设，确保各项防治技术落实到位。

7.2　各级财政和发改部门应加强基础设施建设，确保免疫、监测、诊断、扑杀、无害化处理、消毒等防治技术工作经费落实。

7.3　各级兽医行政部门动物防疫监督机构应按本技术规范，加强应急物资储备，及时培训和演练应急队伍。

7.4　发生口蹄疫疫情时，在封锁、采样、诊断、流行病学调查、无害化处理等过程中，要采取有效措施做好个人防护和消毒工作，防止人为扩散。

附录五 布鲁氏菌病防治技术规范

布鲁氏菌病防治技术规范 布鲁氏菌病（Brucellosis，也称布氏杆菌病，以下简称布病）是由布鲁氏菌属细菌引起的人兽共患的常见传染病。我国将其列为二类动物疫病。

为了预防、控制和净化布病，依据《中华人民共和国动物防疫法》及有关的法律法规，制定本规范。

1 适用范围

本规范规定了动物布病的诊断、疫情报告、疫情处理、防治措施、控制和净化标准。

本规范适用于中华人民共和国境内一切从事饲养、经营动物和生产、经营动物产品，以及从事动物防疫活动的单位和个人。

2 诊断

2.1 流行特点

多种动物和人对布鲁氏菌易感。

布鲁氏菌属的 6 个种和主要易感动物见下表：

种	主要易感动物
羊种布鲁氏菌（Brucellamelitensis）	羊、牛
牛种布鲁氏菌（Brucellaabortus）	牛、羊
猪种布鲁氏菌（Brucellasuis）	猪
绵羊附睾种布鲁氏菌（Brucellaovis）	绵羊
犬种布鲁氏菌（Brucellacanis）	犬
沙林鼠种布鲁氏菌（Brucellaneotomae）	沙林鼠

布鲁氏菌是一种细胞内寄生的病原菌，主要侵害动物的淋巴系统和生殖系统。病畜主要通过流产物、精液和乳汁排菌，污染环境。

羊、牛、猪的易感性最强。母畜比公畜，成年畜比幼年畜发病多。在母畜中，第一次妊娠母畜发病较多。带菌动物，尤其是病畜的流产胎儿、胎衣是主要传染源。消化道、呼吸道、生殖道是主要的感染途径，也可通过损伤的皮肤、黏膜等感染。常呈地方性流行。

人主要通过皮肤、黏膜、消化道和呼吸道感染，尤其以感染羊种布鲁氏菌、牛种布鲁氏菌最为严重。猪种布鲁氏菌感染人较少见，犬种布鲁氏菌感染人罕见，绵羊附睾种布鲁氏菌、沙林鼠种布鲁氏菌基本不感染人。

2.2　临床症状

潜伏期一般为 14～180 天。

最显著症状是怀孕母畜发生流产，流产后可能发生胎衣滞留和子宫内膜炎，从阴道流出污秽不洁、恶臭的分泌物。新发病的畜群流产较多；老疫区畜群发生流产的较少，但发生子宫内膜炎、乳房炎、关节炎、胎衣滞留、久配不孕的较多。公畜往往发生睾丸炎、附睾炎或关节炎。

2.3　病理变化

主要病变为生殖器官的炎性坏死，脾、淋巴结、肝、肾等器官形成特征性肉芽肿（布病结节）。有的可见关节炎。胎儿主要呈败血症病变，浆膜和黏膜有出血点和出血斑，皮下结缔组织发生浆液性、出血性炎症。

2.4　实验室诊断

2.4.1　病原学诊断

2.4.1.1　显微镜检查

采集流产胎衣、绒毛膜水肿液、肝、脾、淋巴结、胎儿胃内容物等组织，制成抹片，用柯兹罗夫斯基染色法染色，镜检，布鲁氏菌为红色球杆状小杆菌，而其他菌为蓝色。

2.4.1.2　分离培养

新鲜病料可用胰蛋白月示琼脂面或血液琼脂斜面、肝汤琼脂斜面、3%甘油 0.5%葡萄糖肝汤琼脂斜面等培养基培养；若为陈旧病料或污染病料，可用选择性培养基培养。培养时，一份在普通条件下，另一份放于含有 5%～10%二氧化碳的环境中，37℃培养

7～10天。然后进行菌落特征检查和单价特异性抗血清凝集试验。为使防治措施有更好的针对性，还需做种型鉴定。

如病料被污染或含菌极少时，可将病料用生理盐水稀释5～10倍，健康豚鼠腹腔内注射0.1～0.3mL/只。如果病料腐败时，可接种于豚鼠的股内侧皮下。接种后4～8周，将豚鼠扑杀，从肝、脾分离培养布鲁氏菌。

2.4.2 血清学诊断

2.4.2.1 虎红平板凝集试验（RBPT）（见GB/T18646）

2.4.2.2 全乳环状试验（MRT）（见GB/T18646）

2.4.2.3 试管凝集试验（SAT）（见GB/T18646）

2.4.2.4 补体结合试验（CFT）（见GB/T18646）

2.5 结果判定

县级以上动物防疫监督机构负责布病诊断结果的判定。

2.5.1 具有2.1、2.2和2.3时，判定为疑似疫情。

2.5.2 符合2.5.1，且2.4.1.1或2.4.1.2阳性时，判定为患病动物。

2.5.3 未免疫动物的结果判定如下：

2.5.3.1 2.4.2.1或2.4.2.2阳性时，判定为疑似患病动物。

2.5.3.2 2.4.1.2或2.4.2.3或2.4.2.4阳性时，判定为患病动物。

2.5.3.3 符合2.5.3.1但2.4.2.3或2.4.2.4阴性时，30天后应重新采样检测，2.4.2.1或2.4.2.3或2.4.2.4阳性的判定为患病动物。

3 疫情报告

3.1 任何单位和个人发现疑似疫情，应当及时向当地动物防疫监督机构报告。

3.2 动物防疫监督机构接到疫情报告并确认后，按《动物疫情报告管理办法》及有关规定及时上报。

4 疫情处理

4.1 发现疑似疫情，畜主应限制动物移动；对疑似患病动物应立即隔离。

4.2　动物防疫监督机构要及时派员到现场进行调查核实,开展实验室诊断。确诊后,当地人民政府组织有关部门按下列要求处理:

4.2.1　扑杀

对患病动物全部扑杀。

4.2.2　隔离

对受威胁的畜群(病畜的同群畜)实施隔离,可采用圈养和固定草场放牧两种方式隔离。

隔离饲养用草场,不要靠近交通要道,居民点或人畜密集的地区。场地周围最好有自然屏障或人工栅栏。

4.2.3　无害化处理

患病动物及其流产胎儿、胎衣、排泄物、乳、乳制品等按照GB16548—1996《畜禽病害肉尸及其产品无害化处理规程》进行无害化处理。

4.2.4　流行病学调查及检测

开展流行病学调查和疫源追踪;对同群动物进行检测。

4.2.5　消毒

对患病动物污染的场所、用具、物品严格进行消毒。

饲养场的金属设施、设备可采取火焰、熏蒸等方式消毒;养畜场的圈舍、场地、车辆等,可选用2%烧碱等有效消毒药消毒;饲养场的饲料、垫料等,可采取深理发酵处理或焚烧处理;粪便消毒采取堆积密封发酵方式。皮毛消毒用环氧乙烷、福尔马林熏蒸等。

4.2.6　发生重大布病疫情时,当地县级以上人民政府应按照《重大动物疫情应急条例》有关规定,采取相应的扑灭措施。

5　预防和控制

非疫区以监测为主;稳定控制区以监测净化为主;控制区和疫区实行监测、扑杀和免疫相结合的综合防治措施。

5.1　免疫接种

5.1.1　范围疫情呈地方性流行的区域,应采取免疫接种的方法。

5.1.2　对象免疫接种范围内的牛、羊、猪、鹿等易感动物。根据当地疫情，确定免疫对象。

5.1.3　疫苗选择布病疫苗 S_2 株（以下简称 S_2 疫苗）、M_5 株（以下简称 M_5 疫苗）、S_{19} 株（以下简称 S_{19} 疫苗）以及经农业部批准生产的其他疫苗。

5.2　监测

5.2.1　监测对象和方法

监测对象：牛、羊、猪、鹿等动物。

监测方法：采用流行病学调查、血清学诊断方法，结合病原学诊断进行监测。

5.2.2　监测范围、数量

免疫地区：对新生动物、未免疫动物、免疫一年半或口服免疫一年以后的动物进行监测（猪可在口服免疫半年后进行）。监测至少每年进行一次，牧区县抽检 300 头（只）以上，农区和半农半牧区抽检 200 头（只）以上。

非免疫地区：监测至少每年进行一次。达到控制标准的牧区县抽检 1 000 头（只）以上，农区和半农半牧区抽检 500 头（只）以上；达到稳定控制标准的牧区县抽检 500 头（只）以上，农区和半农半牧区抽检 200 头（只）以上。

所有的奶牛、奶山羊和种畜每年应进行两次血清学监测。

5.2.3　监测时间

对成年动物监测时，猪、羊在 5 月龄以上，牛在 8 月龄以上，怀孕动物则在第 1 胎产后半个月至 1 个月间进行；对 S_2、M_5、S_{19} 疫苗免疫接种过的动物，在接种后 18 个月（猪接种后 6 个月）进行。

5.2.4　监测结果的处理

按要求使用和填写监测结果报告，并及时上报。

判断为患病动物时，按第 4 项规定处理。

5.3　检疫

异地调运的动物，必须来自于非疫区，凭当地动物防疫监督机构出具的检疫合格证明调运。

动物防疫监督机构应对调运的种用、乳用、役用动物进行实验室检测。检测合格后，方可出具检疫合格证明。调入后应隔离饲养30 天，经当地动物防疫监督机构检疫合格后，方可解除隔离。

5.4　人员防护

饲养人员每年要定期进行健康检查。发现患有布病的应调离岗位，及时治疗。

5.5　防疫监督

布病监测合格应为奶牛场、种畜场《动物防疫合格证》发放或审验的必备条件。动物防疫监督机构要对辖区内奶牛场、种畜场的检疫净化情况监督检查。

鲜奶收购点（站）必须凭奶牛健康证明收购鲜奶。

6　控制和净化标准

6.1　控制标准

6.1.1　县级控制标准

连续 2 年以上具备以下 3 项条件：

6.1.1.1　对未免疫或免疫 18 个月后的动物，牧区抽检 3 000 份血清以上，农区和半农半牧区抽检 1 000 份血清以上，用试管凝集试验或补体结合试验进行检测。

试管凝集试验阳性率：羊、鹿 0.5％以下，牛 1％以下，猪2％以下。

补体结合试验阳性率：各种动物阳性率均在 0.5％以下。

6.1.1.2　抽检羊、牛、猪流产物样品共 200 份以上（流产物数量不足时，补检正常产胎盘、乳汁、阴道分泌物或屠宰畜脾脏），检不出布鲁氏菌。

6.1.1.3　患病动物均已扑杀，并进行无害化处理。

6.1.2　市级控制标准

全市所有县均达到控制标准。

6.1.3　省级控制标准

全省所有市均达到控制标准。

6.2　稳定控制标准

6.2.1　县级稳定控制标准

按控制标准的要求的方法和数量进行，连续 3 年以上具备以下 3 项条件：

6.2.1.1　羊血清学检查阳性率在 0.1％以下、猪在 0.3％以下；牛、鹿 0.2％以下。

6.2.1.2　抽检羊、牛、猪等动物样品材料检不出布鲁氏菌。

6.2.1.3　患病动物全部扑杀，并进行了无害化处理。

6.2.2　市级稳定控制标准

全市所有县均达到稳定控制标准。

6.2.3　省级稳定控制标准

全省所有市均达到稳定控制标准。

6.3　净化标准

6.3.1　县级净化标准

按控制标准要求的方法和数量进行，连续 2 年以上具备以下 2 项条件：

6.3.1.1　达到稳定控制标准后，全县范围内连续两年无布病疫情。

6.3.1.2　用试管凝集试验或补体结合试验进行检测，全部阴性。

6.3.2　市级净化标准

全市所有县均达到净化标准。

6.3.3　省级净化标准

全省所有市均达到净化标准。

6.3.4　全国净化标准

全国所有省（市、自治区）均达到净化标准。

附录六　炭疽防治技术规范

炭疽（Anthrax）是由炭疽芽孢杆菌引起的一种人畜共患传染病。世界动物卫生组织（OIE）将其列为必须报告的动物疫病，我国将其列为二类动物疫病。

为预防和控制炭疽，依据《中华人民共和国动物防疫法》和其他相关法律法规，制定本规范。

1　适用范围

本规范规定了炭疽的诊断、疫情报告、疫情处理、防治措施和控制标准。

本规范适用于中华人民共和国境内一切从事动物饲养、经营及其产品的生产、经营的单位和个人，以及从事动物防疫活动的单位和个人。

2　诊断

依据本病流行病学调查、临床症状，结合实验室诊断结果做出综合判定。

2.1　流行特点

本病为人畜共患传染病，各种家畜、野生动物及人对本病都有不同程度的易感性。草食动物最易感，其次是杂食动物，再次是肉食动物，家禽一般不感染。人也易感。

患病动物和因炭疽而死亡的动物尸体以及污染的土壤、草地、水、饲料都是本病的主要传染源，炭疽芽孢对环境具有很强的抵抗力，其污染的土壤、水源及场地可形成持久的疫源地。本病主要经消化道、呼吸道和皮肤感染。

本病呈地方性流行。有一定的季节性，多发生在吸血昆虫多、雨水多、洪水泛滥的季节。

2.2　临床症状

2.2.1　本规范规定本病的潜伏期为 20 天。

2.2.2　**典型症状**

本病主要呈急性经过，多以突然死亡、天然孔出血、尸僵不全为特征。

牛：体温升高常达 41℃ 以上，可视黏膜呈暗紫色，心动过速、呼吸困难。呈慢性经过的病牛，在颈、胸前、肩胛、腹下或外阴部常见水肿；皮肤病灶温度增高，坚硬，有压痛，也可发生坏死，有时形成溃疡；颈部水肿常与咽炎和喉头水肿相伴发生，致使呼吸困难加重。急性病例一般经 24～36h 后死亡，亚急性病例一般经 2～5 天后死亡。

马：体温升高，腹下、乳房、肩及咽喉部常见水肿。舌炭疽多见呼吸困难、发绀；肠炭疽腹痛明显。急性病例一般经 24～36h 后死亡，有炭疽痈时，病程可达 3～8 天。

羊：多表现为最急性（猝死）病症，摇摆、磨牙、抽搐，挣扎、突然倒毙，有的可见从天然孔流出带气泡的黑红色血液。病程稍长者也只持续数小时后死亡。

猪：多为局限性变化，呈慢性经过，临床症状不明显，常在宰后见病变。

犬和其他肉食动物临床症状不明显。

2.3　病理变化

死亡患病动物可视黏膜发绀、出血。血液呈暗紫红色，凝固不良，黏稠似煤焦油状。皮下、肌间、咽喉等部位有浆液性渗出及出血。淋巴结肿大、充血，切面潮红。脾脏高度肿胀，达正常数倍，脾髓呈黑紫色。

严禁在非生物安全条件下进行疑似患病动物、患病动物的尸体剖检。

2.4　实验室诊断

实验室病原学诊断必须在相应级别的生物安全实验室进行。

2.4.1　病原鉴定

2.4.1.1　样品采集、包装与运输

按照 NY/T561 2.1.2、4.1、5.1 执行。

2.4.1.2　病原学诊断

炭疽的病原分离及鉴定（见 NY/T561）。

2.4.2 血清学诊断

炭疽沉淀反应（见 NY/T561）。

2.4.3 分子生物学诊断

聚合酶链式反应（PCR）。

3 疫情报告

3.1 任何单位和个人发现患有本病或者疑似本病的动物，都应立即向当地动物防疫监督机构报告。

3.2 当地动物防疫监督机构接到疫情报告后，按国家动物疫情报告管理的有关规定执行。

4 疫情处理

依据本病流行病学调查、临床症状，结合实验室诊断做出的综合判定结果可作为疫情处理依据。

4.1 当地动物防疫监督机构接到疑似炭疽疫情报告后，应及时派员到现场进行流行病学调查和临床检查，采集病料送符合规定的实验室诊断，并立即隔离疑似患病动物及同群动物，限制移动。

对病死动物尸体，严禁进行开放式解剖检查，采样时必须按规定进行，防止病原污染环境，形成永久性疫源地。

4.2 确诊为炭疽后，必须按下列要求处理。

4.2.1 由所在地县级以上兽医主管部门划定疫点、疫区、受威胁区。

疫 点：指患病动物所在地点。一般是指患病动物及同群动物所在畜场（户组）或其他有关屠宰、经营单位。

疫 区：指由疫点边缘外延 3km 范围内的区域。在实际划分疫区时，应考虑当地饲养环境和自然屏障（如河流、山脉等）以及气象因素，科学确定疫区范围。

受威胁区：指疫区外延 5km 范围内的区域。

4.2.2 本病呈零星散发时，应对患病动物作无血扑杀处理，对同群动物立即进行强制免疫接种，并隔离观察 20 天。对病死动物及排泄物、可能被污染饲料、污水等按《无害化处理》的要求进行无害化处理；对可能被污染的物品、交通工具、用具、动物舍进行严格彻底消毒。疫区、受威胁区所有易感动物进行紧急免疫接种。对病死动物尸体严禁进行开放式解剖检查,采样必须按规定进行,防止病原污染环境,形成永久性疫源地。

4.2.3　本病呈暴发流行时(一个县10天内发现5头以上的患病动物),要报请同级人民政府对疫区实行封锁;人民政府在接到封锁报告后,应立即发布封锁令,并对疫区实施封锁。

疫点、疫区和受威胁区采取的处理措施如下:

4.2.3.1　疫点

出入口必须设立消毒设施。限制人、易感动物、车辆进出和动物产品及可能受污染的物品运出。对疫点内动物舍、场地以及所有运载工具、饮水用具等必须进行严格彻底地消毒。

患病动物和同群动物全部进行无血扑杀处理。其他易感动物紧急免疫接种。

对所有病死动物、被扑杀动物,以及排泄物和可能被污染的垫料、饲料等物品产品按附件2要求进行无害化处理。

动物尸体需要运送时,应使用防漏容器,须有明显标志,并在动物防疫监督机构的监督下实施。

4.2.3.2　疫区

交通要道建立动物防疫监督检查站,派专人监管动物及其产品的流动,对进出人员、车辆须进行消毒。停止疫区内动物及其产品的交易、移动。所有易感动物必须圈养,或在指定地点放养;对动物舍、道路等可能污染的场所进行消毒。

对疫区内的所有易感动物进行紧急免疫接种。

4.2.3.3　受威胁区

对受威胁区内的所有易感动物进行紧急免疫接种。

4.2.3.4　进行疫源分析与流行病学调查

4.2.3.5　封锁令的解除

最后一头患病动物死亡或患病动物和同群动物扑杀处理后20天内不再出现新的病例,进行终末消毒后,经动物防疫监督机构审验合格后,由当地兽医主管部门向原发布封锁令的机关申请发布解除封锁令。

4.2.4　处理记录

对处理疫情的全过程必须做好完整的详细记录，建立档案。

5　预防与控制

5.1　环境控制

饲养、生产、经营场所和屠宰场必须符合《动物防疫条件审核管理办法》（农业部〔2002〕15号令）规定的动物防疫条件，建立严格的卫生（消毒）管理制度。

5.2　免疫接种

5.2.1　各省根据当地疫情流行情况，按农业部制定的免疫方案，确定免疫接种对象、范围。

5.2.2　使用国家批准的炭疽疫苗，并按免疫程序进行适时免疫接种，建立免疫档案。

5.3　检疫

5.3.1　产地检疫

按GB16549和《动物检疫管理办法》实施检疫。检出炭疽阳性动物时，按本规范4.2.2规定处理。

5.3.2　屠宰检疫

按NY467和《动物检疫管理办法》对屠宰的动物实施检疫。

5.4　消毒

对新老疫区进行经常性消毒，雨季要重点消毒。皮张、毛等按照《无害化处理》实施消毒。

5.5　人员防护

动物防疫检疫、实验室诊断及饲养场、畜产品及皮张加工企业工作人员要注意个人防护，参与疫情处理的有关人员，应穿防护服、戴口罩和手套，做好自身防护。

无害化处理

1. 炭疽动物尸体处理

应结合远离人们生活、水源等因素考虑，因地制宜，就地焚烧。如需移动尸体，先用5％福尔马林消毒尸体表面，然后搬运，并将原放置尸地及尸体天然孔出血及渗出物用5％福尔马林浸渍消毒数次，在搬运过程中避免污染沿途路段。焚烧时将尸体垫起，用油或木柴焚烧，要求燃烧彻底。无条件进行焚烧处理时，也可按规定进行深埋处理。

2. 粪肥、垫料、饲料的处理

被污染的粪肥、垫料、饲料等，应混以适量干碎草，在远离建筑物和易燃品处堆积彻底焚烧，然后取样检验，确认无害后，方可用作肥料。

3. 房屋、厩舍处理

开放式房屋、厩舍可用5％福尔马林喷洒消毒三遍，每次浸渍2h。也可用20％漂白粉液喷雾，200mL/m² 作用2h。对砖墙、土墙、地面污染严重处，在离开易燃品条件下，亦可先用酒精或汽油喷灯地毯式喷烧一遍，然后再用5％福尔马林喷洒消毒三遍。

对可密闭房屋及室内橱柜、用具消毒，可用福尔马林熏蒸。在室温18℃条件下，对每25～30m³空间，用10％浓甲醛液（内含37％甲醛气体）约4 000mL，用电煮锅蒸4 h。蒸前先将门窗关闭，通风孔隙用高黏胶纸封严，工作人员戴专用防毒面具操作。密封8～12 h后，打开门窗换气，然后使用。

熏蒸消毒效果测定，可用浸有炭疽弱毒菌芽孢的纸片，放在含组氨酸的琼脂平皿上，待熏后取出置37℃培养24h，如无细菌生长即认为消毒有效。

也可选择其他消毒液进行喷洒消毒，如4％戊二醛（pH8.0～8.5）2 h浸洗、5％甲醛（约15％福尔马林）2 h、3％ H_2O_2 2 h或过氧乙酸2 h。其中，H_2O_2 和过氧乙酸不宜用于有血液存在的环境消毒；过氧乙酸不宜用于金属器械消毒。

4. 泥浆、粪汤处理

猪、牛等动物死亡污染的泥浆、粪汤，可用20％漂白粉液1份（处理物2份），作用2 h；或甲醛溶液50～100mL/m³ 比例加入，每天搅拌1～2次，消毒4天，即可撒到野外或田里，或掩埋处理（即作深埋处理）。

5. 污水处理

按水容量加入甲醛溶液，使其含甲醛液量达到 5％，处理 10h；或用 3％过氧乙酸处理 4 h；或用氯胺或液态氯加入污水，于 pH4.0 时加入有效氯量为 4mg/L，30min 可杀灭芽孢，一般加氯后作用 2 h 流放一次。

6. 土壤处理

炭疽动物倒毙处的土壤消毒，可用 5％甲醛溶液 $500mL/m^2$ 消毒三次，每次 2 h，间隔 1 h。亦可用氯胺或 10％漂白粉乳剂浸渍 2h，处理 2 次，间隔 1 h。亦可先用酒精或柴油喷灯喷烧污染土地表面，然后再用 5％甲醛溶液或漂白粉乳剂浸渍消毒。

7. 衣物、工具及其他器具处理

耐高温的衣物、工具、器具等可用高压蒸汽灭菌器在 121℃高压蒸汽灭菌 1 h；不耐高温的器具可用甲醛熏蒸，或用 5％甲醛溶液浸渍消毒。运输工具、家具可用 10％漂白粉液或 1％过氧乙酸喷雾或擦拭，作用 1～2 h。凡无使用价值的严重污染物品可用火彻底焚毁消毒。

8. 皮、毛处理

皮毛、猪鬃、马尾的消毒，采用 97％～98％的环氧乙烷、2％的 CO_2、1％的十二氟混合液体，加热后输入消毒容器内，经 48 h 渗透消毒，启开容器换气，检测消毒效果。但须注意，环氧乙烷的熔点很低（<0℃），在空气中浓度超过 3％，遇明火即易燃烧发生爆炸，必须低温保存运输，使用时应注意安全。

骨、角、蹄在制作肥料或其他原料前，均应彻底消毒。如采用 121℃高压蒸汽灭菌；或 5％甲醛溶液浸泡；或用火焚烧。

附录七　小反刍兽疫防治技术规范

小反刍兽疫（Peste des petits ruminants，PPR）是由小反刍兽疫病毒（PPRV）引起的山羊和绵羊的急性接触性传染病。世界动物卫生组织（OIE）将其列为必须报告的动物疫病，我国将其列为一类动物疫病。

为预防、控制和扑灭小反刍兽疫，依据《中华人民共和国动物防疫法》《重大动物疫情应急条例》等法律法规，制定本规范。

1. 适用范围

本规范规定了小反刍兽疫的诊断、报告、处置、预防与控制等技术措施。本规范适用于中华人民共和国境内一切与小反刍兽疫防治活动有关的单位和个人。

2. 诊断

依据该病流行病学调查和临床症状，结合实验室诊断结果做出综合判定。

2.1　流行病学

2.1.1　传染源

发病和带毒羊是主要传染源。病畜的分泌物和排泄物也是传染源。

2.1.2　传播途径

主要通过直接或间接接触传播，感染途径以呼吸道为主。

2.1.3　易感动物

山羊和绵羊是该病的自然宿主，山羊比绵羊更易感，临床症状更严重。岩羊、野山羊、盘羊、鬣羊、瞪羚羊、长角大羚羊、亚洲水牛、骆驼等可感染发病。白尾鹿在实验条件下表现为亚临床感染或严重发病，能产生抗体。牛呈亚临床感染，并能产生抗体。

2.1.4　潜伏期

一般为 4～6 天，最长可达 21 天。

2.1.5 发病率和病死率

易感羊群发病率通常达 60% 以上，病死率可达 50% 以上。

2.1.6 季节性

该病一年四季均可发生，但多雨季节和干燥寒冷季节多发。

2.2 临床症状

山羊临床症状比较典型，绵羊临床症状一般较轻微。

2.2.1 突然发热，第 2～3 天体温可达 40～42℃。发热持续 3 天左右，病羊死亡多集中在发热后期。

2.2.2 病初有水样鼻液，此后大量的黏脓性卡他样鼻液，阻塞鼻孔造成呼吸困难。鼻内膜发生坏死。眼流分泌物，遮住眼睑，出现眼结膜炎。

2.2.3 发热症状出现后，病羊口腔内膜轻度充血，继而出现糜烂。初期多在下齿龈周围出现小面积坏死，严重病例迅速扩展到齿垫、硬腭、颊和颊乳头以及舌，坏死组织脱落形成不规则的浅糜烂斑。部分病羊口腔病变温和，并可在 48 h 内愈合，这类病羊可很快康复。

2.2.4 多数病羊发生严重腹泻或下痢，造成迅速脱水和体重下降。怀孕母羊可发生流产。

2.3 病理变化

2.3.1 口腔和鼻腔黏膜糜烂坏死。

2.3.2 支气管肺炎，肺尖肺炎。

2.3.3 可见坏死性或出血性肠炎，盲肠、结肠近端和直肠出现特征性条状充血、出血，呈斑马状条纹。

2.3.4 可见淋巴结特别是肠系膜淋巴结水肿，脾脏肿大并可出现坏死病变。

2.3.5 组织学上可见肺部组织出现多核巨细胞以及细胞内嗜酸性包含体。

2.4 实验室检测

2.4.1 样品采集、运输与保存

无菌采集病羊眼棉试子、口棉拭子、鼻棉拭子和抗凝血，采集被扑杀或刚死亡病畜的脾、胸腺、肠系膜和支气管淋巴结、肠黏膜、肺等组织，无菌采集全血，用常规方法分离血清。样品采集后，置冰上冷藏尽快送至实验室检测。

2.4.2　血清学检测

应在省级动物疫病预防控制机构实验室、国家外来动物疫病研究中心或农业部指定实验室进行。

抗体检测可采用病毒中和试验、竞争酶联免疫吸附试验（ELISA）检测法和间接酶联免疫吸附试验（ELISA）抗体检测法。

2.4.3　病原学检测

应在国家外来动物疫病研究中心或农业部指定实验室进行。

2.4.3.1　可采用细胞培养法分离病毒，也可直接对病料进行检测。

2.4.3.2　病毒检测可采用琼脂凝胶免疫扩散、抗原捕获酶联免疫吸附试验（ELISA）、实时荧光反转录聚合酶链式反应（RT-PCR）、普通反转录聚合酶链式反应（RT-PCR），对 PCR 产物进行核酸序列测定可进行病毒分型。

2.5　结果判定

2.5.1　疑似病例

山羊或绵羊出现急性发热、腹泻、口炎等症状，羊群发病率、病死率较高，传播迅速，且出现肺尖肺炎病理变化，可判定为疑似小反刍兽疫病例。

2.5.2　确诊病例

未免疫小反刍兽疫疫苗的山羊或绵羊出现疑似病例，且 2.4.2 项任一项血清学方法检测阳性，可判定为确诊小反刍兽疫病例。

免疫小反刍兽疫疫苗的山羊或绵羊出现疑似病例，且 2.4.3 项任一项病原学方法检测阳性，可判定为确诊小反刍兽疫病例。

3. 疫情报告和确认

3.1　疑似疫情的报告

任何单位和个人，发现符合 3.2 的临床症状，发病率、病死率较高的山羊或绵羊疫情时，应当立即向当地兽医主管部门、动物卫生监督机构或者动物疫病预防控制机构报告。

当地县级动物疫病预防控制机构初步判定为小反刍兽疫疫情的，应在2h内报本地兽医主管部门，并逐级上报至省级动物疫病预防控制机构。

省级动物疫病预防控制机构诊断为疑似小反刍兽疫疫情时，应立即报告省级兽医主管部门和中国动物疫病预防控制中心；省级兽医主管部门应在1h内报省级人民政府和国务院兽医主管部门。

3.2　确诊疫情的报告

国家外来动物疫病研究中心或农业部指定实验室确诊为小反刍兽疫疫情时，应立即通知疫情发生地省级动物疫病预防控制机构和兽医主管部门，同时报中国动物疫病预防控制中心和国务院兽医主管部门。

3.3　疫情确认

国务院兽医主管部门根据国家外来动物疫病研究中心或农业部指定实验室确诊结果，确认小反刍兽疫疫情。

4. 疫情处置

4.1　疑似疫情处置

4.1.1　接到报告后，县级兽医主管部门应组织2名以上兽医人员立即到现场进行调查核实。省级动物疫病预防控制机构判定为疑似小反刍兽疫疫情的，及时采集样品送国家外来动物疫病研究中心或农业部指定实验室进行确诊。

4.1.2　对发病场（户）实施隔离、监视，禁止牛羊等反刍动物及其产品、饲料及有关物品移动，并对其内、外环境进行严格消毒。必要时采取封锁、扑杀等措施。

4.2　确诊疫情处置

疫情确诊后，立即启动相应级别的应急预案。

4.2.1　划定疫点、疫区和受威胁区

4.2.1.1　疫点。病畜所在的地点。相对独立的规模化养殖场（户），以病畜所在的场（户）为疫点；散养畜以病畜所在的自然村为疫点；放牧畜以病畜所在牧场及其活动场地为疫点；家畜在运输过程中发生疫情的，以运载病畜的车、船、飞机等为疫点；在市场发生疫情的，以病死畜所在市场为疫点；在屠宰加工过程中发生疫情的，以屠宰加工厂（场）为疫点。

4.2.1.2　疫区。由疫点边缘向外延伸 3km 范围的区域。

4.2.1.3　受威胁区。由疫区边缘向外延伸 10km 的区域。

划定疫区、受威胁区时，应根据当地天然屏障（如河流、山脉等）、野生动物栖息地存在情况，以及疫情溯源及跟踪调查结果，适当调整范围。

4.2.2　封锁

疫情发生所在地县级以上兽医主管部门报请同级人民政府对疫区实行封锁，人民政府在接到报告后，应在 24h 内发布封锁令。

跨行政区域发生疫情时，由有关行政区域共同的上一级人民政府对疫区实行封锁，或者由各有关行政区域的上一级人民政府共同对疫区实行封锁。必要时，上级人民政府可以责成下级人民政府对疫区实行封锁。

4.2.3　对疫点应采取的措施

4.2.3.1　扑杀疫点内的所有山羊和绵羊，并对所有病死羊、被扑杀羊及羊鲜乳、羊肉等产品进行无害化处理（见 GB 16548）。

4.2.3.2　对排泄物、被污染或可能污染饲料和垫料、污水等按规定进行无害化处理。

4.2.3.3　库存的羊毛、羊皮进行消毒处理（见小反刍兽疫消毒技术），在解除封锁后，经检疫合格方可运出。

4.2.3.4　被污染的物品、交通工具、用具、圈舍、场地进行严格彻底消毒（见小反刍兽疫消毒技术）。

4.2.3.5　出入人员、车辆和相关设施要按规定进行消毒（见小反刍兽疫消毒技术）。

4.2.3.6　禁止羊、牛等反刍动物出入。

4.2.4　对疫区应采取的措施

4.2.4.1　在疫区周围设立警示标志，在出入疫区的交通路口设置动物检疫消毒站，对出入的人员和车辆进行消毒；必要时，经省级人民政府批准，可设立临时动物卫生监督检查站，执行监督检查任务。

4.2.4.2　禁止羊、牛等反刍动物出入。

4.2.4.3　关闭羊、牛交易市场和屠宰场，停止活羊、牛展销活动。

4.2.4.4　羊毛、羊皮、羊乳等产品按规定方式进行处理（见小反刍兽疫消毒技术），封锁解除后经检疫合格后方可运出。

4.2.4.5　对羊舍、用具及场地消毒（见小反刍兽疫消毒技术）。

4.2.4.6　对易感羊群进行疫情监测，如检出病原学阳性样品，无论临床是否发病，应扑杀所有阳性畜及同群畜。

4.2.4.7　对疫区内其他羊只，在解除封锁后，应在当地动物卫生监督机构监督下就近急宰淘汰。

4.2.4.8　必要时，对羊进行紧急免疫。

4.2.5　对受威胁区应采取的措施

4.2.5.1　加强检疫监管，禁止活羊调入、调出，反刍动物产品调运必须进行严格检疫。

4.2.5.2　加强对羊饲养场、屠宰场、交易市场的监测，及时掌握疫情动态。

4.2.5.3　必要时，对羊群进行紧急免疫，建立免疫隔离带。

4.2.6　野生动物控制

加强疫区、受威胁区及周边地区野生易感动物分布状况调查和发病情况监测，并采取措施，避免野生羊、鹿等与人工饲养的羊群接触。当地兽医部门与林业部门应定期相互通报有关信息。

4.2.7　疫情溯源

对疫情发生前 21 天内，所有引入疫点的易感动物、相关产品来源及运输工具进行追溯性调查，分析疫情来源。必要时，对输出地羊群或接触羊群（风险羊群）进行隔离观察，对羊乳和乳制品进行消毒处理。

4.2.8　疫情跟踪

对疫情发生前 21 天内以及采取隔离措施前，从疫点输出的易感动物、相关产品、运输车辆及密切接触人员的去向进行跟踪调查，分析疫情扩散风险。必要时，对风险羊群进行隔离观察。

4.2.9　解除封锁

疫点内最后一只羊死亡或扑杀，并按规定进行消毒和无害化处理后至少 21 天，疫区、受威胁区经监测没有新发病例时，经疫情发生所在地上级兽医主管部门组织验收合格后，由所在地县级以上兽医主管部门向原发布封锁令的人民政府申请解除封锁，由该人民政府发布解除封锁令，并通报毗邻地区和有关部门，报上一级政府备案。

5. 预防控制

5.1　饲养管理

5.1.1　易感动物饲养、生产、经营等场所必须符合《动物防疫条件审查办法》规定的动物防疫条件，并加强种羊调运检疫管理。

5.1.2　羊群应避免与野羊群接触。

5.1.3　各饲养场、屠宰厂（场）、交易市场、动物卫生监督检查站等要严格实施卫生消毒制度（见附件 1）。

5.2　监测

各级动物疫病预防控制机构应当按照国家动物疫病监测计划要求开展小反刍兽疫监测工作。

5.3　免疫

5.3.1　与曾发生和正在发生小反刍兽疫疫情的国家和地区相邻的边境县，定期对羊群进行强制免疫，建立免疫带。

5.3.2　曾发生过疫情的地区及受威胁地区，定期对风险羊群进行免疫接种。

5.4　检疫

引种检疫工作时应加强小反刍兽疫检疫。做好羊产地检疫和屠宰检疫工作，加强跨境调运羊及其产品的建议监督。

5.5　边境防控

各边境地区要加强边境地区防控，坚持内防外堵，切实落实边境巡查、消毒等各项防控措施。与曾发生和正在发生小反刍兽疫疫情的国家和地区接壤省份的相关县市，应当加强对羊只的管理，防止疫情传入。禁止过境放牧、过境寄养，以及活羊及其产品的互市交易。加强对边境地区的疫情监视和监测，及时分析疫情动态。

5.6　宣传培训

广泛宣传小反刍兽疫的防范知识和防控政策。加强基层管理和技术人员培训，提高小反刍兽疫的诊断能力和水平，及时发现、报告和处置疑似疫情，消除疫情隐患。

小反刍兽疫消毒技术

1　药品种类

碱类（碳酸钠、氢氧化钠）、氯化物和酚化合物适用于建筑物、木质结构、水泥表面、车辆和相关设施设备消毒。柠檬酸、酒精和碘化物适用于人员消毒。

2　场地及设施消毒

2.1　消毒前的准备

2.1.1　消毒前必须清除有机物、污物、粪便、饲料、垫料等；

2.1.2　选择合适的消毒药品；

2.1.3　备有喷雾器、火焰喷射枪、消毒车辆、消毒防护用具（如口罩、手套、防护靴等）、消毒容器等。

2.2　消毒方法

2.2.1　金属设施设备的消毒，可采取火焰、熏蒸和冲洗等方式消毒；

2.2.2　羊舍、车辆、屠宰加工、贮藏等场所，可采用消毒液清洗、喷洒等方式消毒；

2.2.3　养羊场的饲料、垫料、粪便等，可采取堆积发酵或焚烧等方式处理；

2.2.4　疫区范围内办公、饲养人员的宿舍、公共食堂等场所，可采用喷洒的方式消毒。

3　人员及物品消毒

3.1　饲养、管理等人员可采取淋浴消毒；

3.2　衣、帽、鞋等可能被污染的物品，可采取消毒液浸泡、高压灭菌等方式消毒。

4　羊绒及羊毛消毒

可以采用下列程序之一灭活病毒：

4.1　在18℃储存4周，4℃储存4个月，或37℃储存8天；

4.2　在一密封容器中用甲醛熏蒸消毒至少24h。具体方法：将高锰酸钾放入容器（不可为塑料或乙烯材料）中，再加入商品福尔马林进行消毒，比例为每立方米加53mL福尔马林和35g高锰酸钾；

4.3　工业洗涤，包括浸入水、肥皂水、苏打水或碳酸钾等一系列溶液中水浴；

4.4　用熟石灰或硫酸钠进行化学脱毛；

4.5　浸泡在60～70℃水溶性去污剂中，进行工业性去污。

5　羊皮消毒

5.1　在含有2%碳酸钠的海盐中腌制至少28天；

5.2　在一密闭空间内用甲醛熏蒸消毒至少24h，具体方法参考4.2。

6　羊乳消毒

采用下列程序之一灭活病毒：

6.1　两次高温瞬时巴氏消毒法

6.2　高温瞬时巴氏消毒法与其他物理处理方法结合使用，如在pH6的环境中维持至少1h；

6.3　超高温巴氏消毒法结合物理方法。

参 考 文 献

陈溥言主编. 兽医传染病学（第五版）[M]. 中国农业大学出版社，2006.8.

江斌，林琳主编. 羊病速诊快治 [M]. 福建科学技术出版社，2016.8.

马玉忠主编. 羊病诊治原色图谱（精）[M]. 化学工业出版社，2013.9.

沈正达主编. 羊病防治手册 [M]. 金盾出版社，2005.11.

田克恭，李明主编. 动物疫病诊断技术-理论与应用 [M]. 中国农业出版
社，2014.2.

吴心华主编. 肉羊肥育与疾病防治 [M]. 金盾出版社，2014.5.

夏道伦主编. 肉羊养殖新技术 [M]. 化学工业出版社，2012.9.

岳文斌主编. 羊场兽医师手册 [M]. 金盾出版社，2007.12.

图书在版编目（CIP）数据

肉羊管理与疾病防治 / 强慧勤主编 . —北京：中
国农业出版社，2018.10
ISBN 978 - 7 - 109 - 23435 - 2

Ⅰ. ①肉…　Ⅱ. ①强…　Ⅲ. ①肉用羊－饲养管理
②肉用羊－羊病－防治　Ⅳ. ①S826.9②S858.26

中国版本图书馆 CIP 数据核字（2018）第 109874 号

中国农业出版社出版
（北京市朝阳区麦子店街 18 号楼）
（邮政编码 100125）
责任编辑　王森鹤

北京通州皇家印刷厂印刷　新华书店北京发行所发行
2018 年 10 月第 1 版　2018 年 10 月北京第 1 次印刷

开本：880mm×1230mm 1/32　印张：7　插页：8
字数：186 千字
定价：36.00 元
（凡本版图书出现印刷、装订错误，请向出版社发行部调换）

彩图 1　口腔溃疡

彩图 2　蹄部溃烂

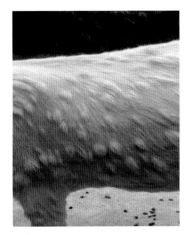

彩图 3　痘疹（强慧勤）

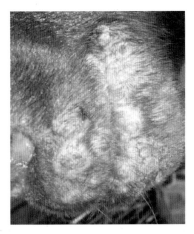

彩图 4　脓疱（强慧勤）

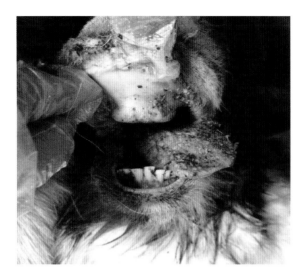

彩图 5　口腔黏膜溃疡（强慧勤）

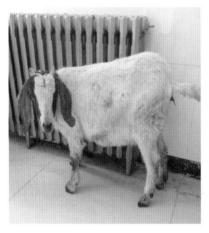

彩图 6　脱水、消瘦（强慧勤）

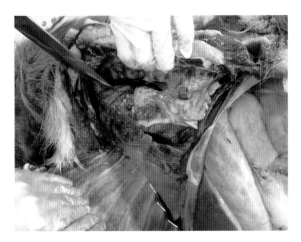

彩图 7　肺炎症状 (强慧勤)

彩图 8　肠道出血 (强慧勤)

彩图 9　呆滞、运动失调（强慧勤）

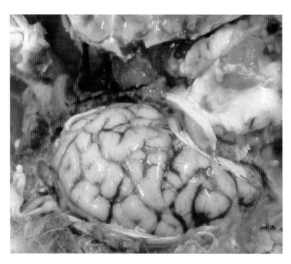

彩图 10　脑膜和脑实质血管扩张、充血、出血和水肿（强慧勤）

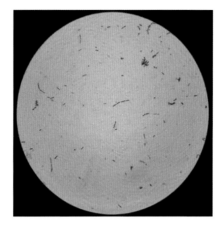

彩图 11 炭疽杆菌镜检图片（强慧勤）

彩图 12 尸僵不全（强慧勤）

彩图 13 天然孔出血（强慧勤）

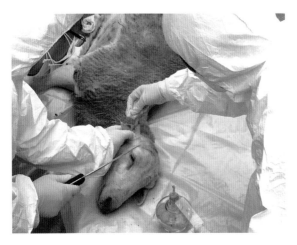

彩图 14 耳夹涂片（强慧勤）

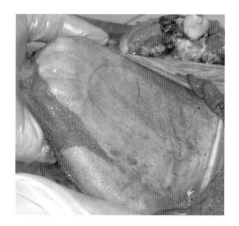

彩图 15　胃黏膜出血（强慧勤）

彩图 16　肺浆膜下出血（强慧勤）

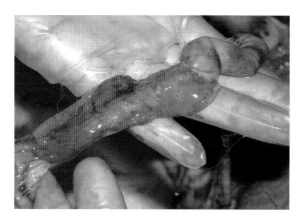

彩图 17　肠出血性炎性变化（强慧勤）

彩图 18　肾脏软化，似脑髓状（强慧勤）

彩图 19 兴奋与沉郁交替出现，头歪向一侧（强慧勤）

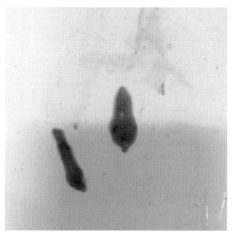

彩图 20 肝片吸虫成虫（强慧勤）

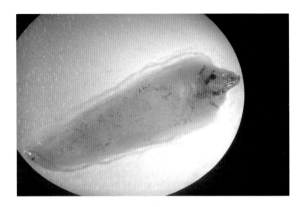

彩图 21　肝片吸虫成虫显微镜下（强慧勤）

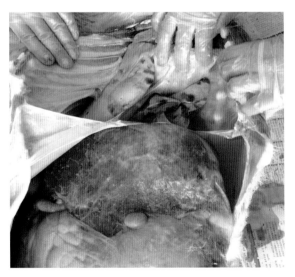

彩图 22　肝表面有白色条索状隆起（强慧勤）

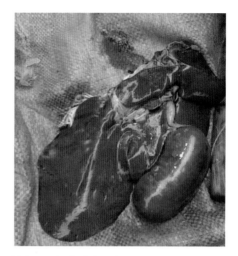

彩图 23　胆囊肿大，突出于肝表面（强慧勤）

彩图 24　挤压胆管流出胆汁和虫体（强慧勤）

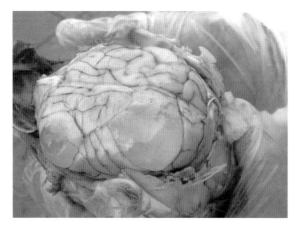

彩图 25　脑部的囊状多头蚴（王荣申）

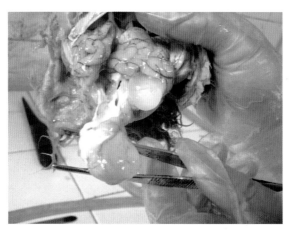

彩图 26　脑部的囊状多头蚴（强慧勤）

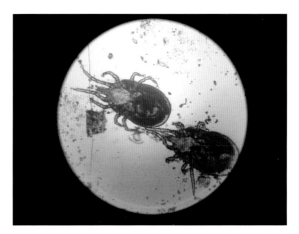

彩图 27　显微镜下的蜱（强慧勤）

彩图 28　疥螨引起的脱毛（魏广）

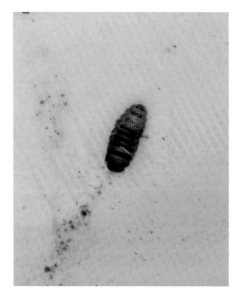

彩图 29　羊鼻蝇蛆幼虫（强慧勤）